**Bibliographic information published by the German National Library:**

The German National Library lists this publication in the National Bibliography; detailed bibliographic data are available on the Internet at http://dnb.dnb.de .



**Imprint:**


Print and binding: Books on Demand GmbH, Norderstedt Germany
ISBN: 978-3-668-18465-7

**This book at GRIN:**

http://www.grin.com/es/e-book/318616/el-estudio-del-liquido-cefalorraquideo-lcr-un-manual-de-ayuda-para-el

Javier Ruiz Cosano, Beatriz Heredia Gálvez

# El Estudio del Líquido Cefalorraquídeo (LCR). Un manual de ayuda para el laboratorio de Análisis Clínicos

GRIN Publishing

# ESTUDIO DEL LÍQUIDO CEFALORRAQUÍDEO DESDE EL LABORATORIO

Autores:

**Fº Javier Ruiz Cosano**
**Beatriz Heredia Gálvez**
**15/III/2016**

Manual de estudio del líquido cefalorraquídeo desde el laboratorio de Análisis Clínicos. Desde el inicio; con la toma de muestra, hasta el estudio proteínico para detección de enfermedades neurodegenerativas.

# Índice:

# INTRODUCCIÓN:

Los laboratorios forman parte de los servicios centrales de los hospitales, por tanto son una parte esencial de los mismos. En nuestro trabajo hay que valorar la función de información que proporcionamos al clínico no solo dando resultados como datos, además debemos aportar un valor añadido a los informes que emitimos en forma de comentarios o indicaciones que ayuden a la decisión diagnostica y den valor a nuestro trabajo.

Una parte muy importante de nuestra función es el análisis de líquidos biológicos. Por tanto no solo debemos analizar los líquidos de una forma sistemática y sin consideraciones clínicas del paciente, puesto que la información que puede aportarnos un liquido Cefalorraquídeo, por ejemplo, puede ser de gran utilidad al clínico llegando incluso a salvar una vida si damos la información adecuada.

Es por ello que en este tratado intentaremos no solo dar una visión global del análisis de líquidos biológicos, además procuraremos aportar herramientas que puedan dar información adicional para ayudarnos a dar un valor añadido al informe.

Los líquidos cobran especial relevancia laboratorios de guardia, emergencia y urgencias. Tanto por su labilidad, pues requieren realizar el estudio a tiempo real, como por su interés clínico. Cuando se demora el análisis del líquido 12 horas o más, la calidad del informe final no es el deseable. Además la escasa oportunidad de obtener segundas muestras como, así también, producir resultados de importancia para el tratamiento médico se requiere de pericia en su análisis. La pericia implica la normalización de un esquema de trabajo establecido mediante protocolos normalizados de trabajo (PNT) y la definición de valores de referencia para el laboratorio receptor del material.

## *Líquidos Biológicos.-Tipos.*

Hay que diferenciar los líquidos biológicos de otros tipos de líquidos, por eso se define como al liquido biológico como un fluido que procede de un ultrafiltrado del plasma que se producen a través de una membrana. Son líquidos corporales diferentes de la sangre, plasma, suero, orina y semen.

Dentro de la clasificación de líquidos biológicos hay que diferenciar entre los líquidos biológicos serosos de los que no lo son. Ambos tipos son líquidos derivados de un ultrafiltrado del plasma:

- Los líquidos no serosos, son líquidos transudativos contenidos en el interior de una membrana basal. Estos líquidos son el liquido cefalorraquídeo (LCR) y el Liquido Sinovial. En ambos casos poseen membrana basal, la barrera hematoencefálica para el LCR y la membrana sinovial para el LS.

- Los líquidos serosos son de poco volumen y actúan como lubricante y se encuentran en las cavidades pleural, pericárdica y peritoneal. Estas cavidades corporales están delimitadas por una membrana serosa parietal y una visceral, que están constituidas por una capa de tejido conjuntivo con numerosos capilares y vasos linfáticos, y una capa superficial de células mesoteliales, no poseen membrana basal, en esto se diferencian de los no serosos.

En condiciones fisiológicas, hay una pequeña cantidad de líquido en cada una de estas cavidades corporales que se mantiene en equilibrio. En caso contrario se produce el derrame en exceso de líquidos a dichas cavidades, rompiendo el equilibrio.

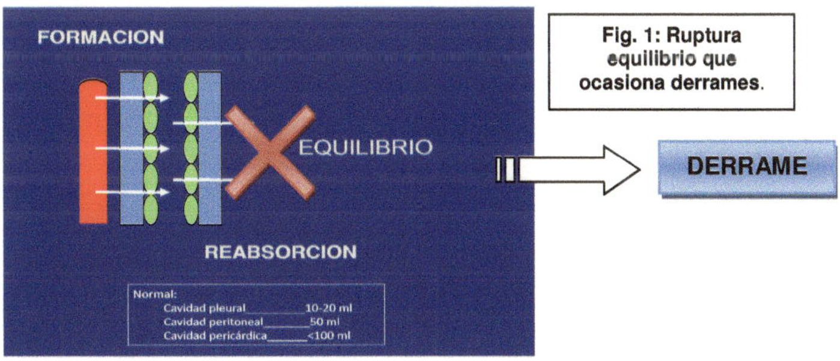


**Fig. 1: Ruptura equilibrio que ocasiona derrames.**

Por tanto la clasificación de líquidos biológicos más adecuada será:

✓ LIQUIDOS NO SEROSOS:

- Liquido Cefalorraquídeo.
- Liquido Sinovial.

✓ LIQUIDOS SEROSOS:

- Liquido Ascítico.
- Liquido Pleural.
- Liquido Pericárdico.
- Liquido Peritoneal.

La importancia de estos líquidos reside en que existen numerosas patologías asociadas con las alteraciones que se producen debido a los derrames (peritoneal, pleural, pericárdico y sinovial) y los transudativos como el LCR.

El estudio de los líquidos tiene por objetivo contribuir con el diagnóstico de enfermedades que se vinculan con los mismos, ya sea por afecciones en el órgano primario, patologías adyacentes o desbalances en el equilibrio hemodinámico. Si bien existen parámetros básicos que se incluyen en todo protocolo para el análisis de estos materiales, la orientación que reciba el bioquímico, a través del diagnóstico presuntivo, lo conducirá a sugerir otras determinaciones, que aportarán información útil al médico. Esto es de fundamental importancia al momento de procesar la muestra para su estudio bacteriológico ya que orienta al microbiólogo en la elección de los medios de cultivos adecuados para recuperar al o los posibles agentes etiológicos infecciosos.

## CONSIDERACIONES PREVIAS:

### *Bioseguridad:*

Un aspecto a tratar en el procesamiento de este tipo de líquidos es establecer protocolos de trabajo bajo el cumplimiento de las precauciones universales de bioseguridad frente a posibles agentes biológicos. Los laboratorios clínicos procesan especímenes biológicos como sangre, suero, plasma, orina, líquidos de cavidades, etc. potencialmente infecciosos. Los agentes biológicos son aquellos microorganismos, cultivos celulares o endoparásitos humanos vivos, o los productos derivados de los mismos, capaces de producir enfermedades, alergias o toxicidad. De acuerdo con su riesgo, los agentes biológicos se clasifican en cuatro grupos:

- *Grupo 1.* Aquellos que con poca probabilidad causan una enfermedad en el ser humano.
- *Grupo 2.* Aquellos que pueden causar una enfermedad en el ser humano y pueden suponer un peligro para los trabajadores, pero que es poco probable que se propaguen a la colectividad y para los que existe profilaxis o tratamiento eficaz.

- *Grupo 3.* Aquellos que pueden causar una enfermedad grave en el ser humano y representan un peligro serio para los trabajadores, con riesgo de que se propaguen a la colectividad y para los que existe profilaxis o tratamiento eficaz.
- *Grupo 4.* Aquellos que causan una enfermedad grave en el ser humano y suponen un peligro serio para los trabajadores, con muchas probabilidades de que se propaguen a la colectividad y sin que exista profilaxis o tratamiento eficaz.

Todos los especímenes biológicos deben manipularse como si fueran infecciosos. Las precauciones tienen que extenderse a todos los especímenes de sangre, suero, plasma, productos sanguíneos, líquido cefalorraquídeo, líquido sinovial, semen y secreciones vaginales. Además, cualquier espécimen que contenga trazas visibles de sangre debe manejarse cuidadosamente.

Las principales vías de penetración en el organismo son la respiratoria, la digestiva y la parenteral. La exposición a los agentes patógenos puede producirse mediante pinchazos accidentales con agujas hipodérmicas, la difusión de materiales infecciosos por una jeringa o la salpicadura de los mismos en poyatas o suelos, los accidentes de centrífugas y los cortes o arañazos con vidrios contaminados. Cualquier tejido sin fijar, incluidas las extensiones sanguíneas, debe considerarse un material potencialmente infeccioso.

Las precauciones al respecto contemplan el uso de barreras adecuadas como guantes, gorros, mascarillas y gafas que eviten el contacto de la piel y las mucosas con los especímenes. Hay que lavarse siempre las manos tras quitarse los guantes y siempre que hayan estado en contacto con sangre u otros líquidos biológicos. Nunca deben reutilizarse los guantes, antes bien, se desecharán en los recipientes adecuados una vez usados. En las áreas de trabajo ha de prohibirse comer, beber, fumar, maquillarse o realizar cualquier operación que pueda poner en contacto con potenciales agentes infecciosos.

En particular, los líquidos pueden portar microorganismos patógenos como la *Neisseria Meningitidis, Cryptococcus Neoformans*, *Mycobacterium Tuberculosis,* el virus de la inmunodeficiencia humana (VIH) y los virus de la hepatitis, entre otros.

## *Toma de muestra.-Desglose:*

En general, para todo tipo de muestras que se reciben en el laboratorio ha de establecerse un procedimiento de recogida y distribución de las muestras. Constaría de área de recepción, procesamiento y distribución de los especímenes, esto es de gran importancia en los laboratorios clínicos, por lo que su organización y funcionamiento deben realizarse de forma adecuada.

## Obtención del material

Las punciones que se realizan para la obtención de los especímenes que aquí estamos tratando son realizadas por los profesionales médicos, aunque en los manuales de formación de los residentes publicados en el BOE indique que el futuro facultativo del laboratorio ha de saber realizar punciones, esto no suele llevarse a cabo. Como regla general para todos los líquidos, el material se remitirá al laboratorio en un tubo estéril sin anticoagulante para el estudio microbiológico y otra porción en una jeringa con heparina estéril para el análisis fisicoquímico y el recuento celular; la excepción es el líquido cefalorraquídeo (LCR), el cual se recogerá en tubos ausentes de anticoagulantes.

El material en jeringa se colectará, remitirá y tratará de la misma manera que se procede para con aquella utilizada para el estudio de gases en sangre. Se debe evitar el exceso de heparina y se eliminará el aire atrapado en el interior de la jeringa durante el proceso de extracción, posteriormente se homogenizará por rotación suave y, en lo posible, se enviará al laboratorio en forma inmediata.

## Recepción

La recepción debe estar situada cerca de la entrada del laboratorio y disponer de amplias mesetas para la recogida y manipulación de los especímenes. En la zona de recepción se depositan los contenedores donde se han transportado los especímenes y los correspondientes impresos de petición. Se sacan los especímenes que se colocan en gradillas, se comprueba que coinciden los especímenes con las peticiones y se señala cualquier incidencia. Los impresos de petición se llevan al área administrativa, donde se introducen las peticiones en el sistema informático del laboratorio.

## Procesamiento inicial

Los especímenes se trasladan desde la zona de recepción hasta las centrífugas para separar el suero o el plasma (en los especímenes de sangre) o los sobrenadantes de otros líquidos biológicos, y aquí se realiza el proceso de fraccionamiento en alícuotas, de acuerdo con las determinaciones solicitadas. Debe disponerse de centrífugas de gran capacidad y de centrífugas refrigeradas. Los tubos que contengan sangre u otros líquidos biológicos, potencialmente infecciosos, deben centrifugarse siempre tapados para impedir la formación de aerosoles, ya que estos conllevan el riesgo de transmitir enfermedades infecciosas.

### Manipulación y distribución

El proceso de distribución de los especímenes debe estar muy bien organizado, pues de otra manera puede requerir mucho personal y ser origen de gran número de errores. Un aspecto importante del procesamiento de los especímenes es su manipulación, que incluye la separación de los tapones de los tubos y el alicuotado para las secciones del laboratorio. En todo momento, la manipulación de los tubos y los tapones ha de hacerse obligatoriamente con guantes de goma. Cuando el alicuotado y la distribución de los especímenes se realicen de forma manual, será fundamental hacerlo con gran cuidado, pues pueden cometerse errores e intercambiar especímenes o mezclarlos. Es muy importante identificar bien los contenedores secundarios y usar pipetas desechables

## PROCESAMIENTO GENERAL DE LIQUIDOS.-PROTOCOLO

El procesamiento correcto del líquido debe incluir una muestra de sangre del paciente con el fin de informar los índices de significancia diagnóstica. Una vez realizado la recepción se debe procesar el líquido de forma inmediata. En general esto incluye:

a) Estudio de las características macroscópicas del material recibido: turbidez, presencia de coágulos, sangre, color, entre otros.

b) Estudio Microscópico, incluye contaje (manual o automático), estudio de cristales (liquido sinovial), tinción de Gram para búsqueda de microorganismos....

c) Análisis de pruebas bioquímicas pertinentes en cada caso.

d) Siembra del liquido en los medios de cultivo adecuados si fuera necesario.

e) Elaboración del Informe, en el que se indicarían las sospechas, índices de diferenciación etc.

## *Técnicas y Métodos de Contaje de Líquidos Biológicos.*

El procedimiento de contaje forma parte del estudio microscópico del líquido. El procesamiento clásico es contaje celular al microscopio, aunque cada vez más está siendo sustituido por los métodos automáticos de contaje mediante citometría de flujo en los clitómetros. A continuación describiremos ambos métodos, con sus variantes.

### Contaje manual:

El recuento manual se realiza mediante microscopia óptica, son sistemas de lentes que se utilizan para ampliar los objetos.

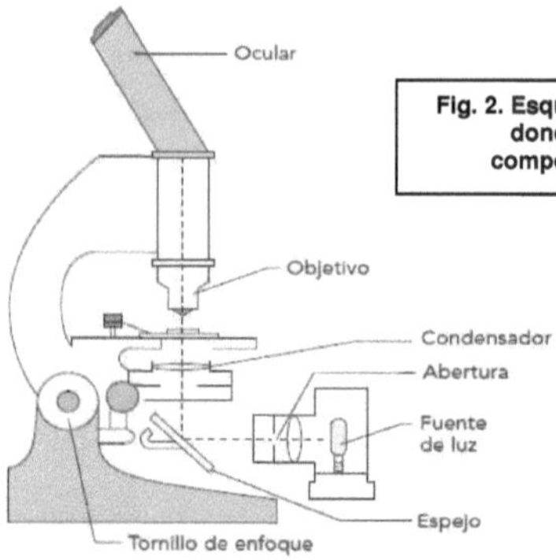


**Fig. 2. Esquema de un microscopio donde se señalan sus componentes principales**

Aunque el contaje manual puede realizar se mediante microscopios de campo claro, es recomendable usar microscopios de contrate de fases, ya que los líquidos biológicos suelen ser transparentes y mediante esta metodología aumentamos la resolución y permiten visualizar las estructuras internas de las células.

✓ **Microscopia de contraste de fase:**

La microscopia de contraste de fase se basa en la conversión de pequeñas diferencias del índice de refracción, que presenta el objeto que se observa, en diferencias de brillo. El microscopio de contraste de fase se distingue del microscopio óptico de campo brillante en que tiene otro tipo de diafragma y una placa de fase. El diafragma consta de un disco anular que solo permite pasar un cono hueco de rayos de luz a través del condensador hacia el objeto. La placa de fase es un disco óptico especial situado en el plano focal posterior del objetivo. Posee un anillo de fase sobre ella que avanza o retarda los rayos de luz directos un cuarto de longitud de onda.

- ***Cámaras de recuento:***

Para el contaje se usan cámaras de recuento o *hemocitómetros.* Como se ha señalado, en los laboratorios clínicos ya casi no se emplean las cámaras de recuento, excepto para algunos recuentos de plaquetas y de concentraciones bajas de leucocitos de los líquidos biológicos. Existen diferentes modelos de cámaras.

✓ ***Cámara de Neubauer:***

La cámara más usada y conocida. En ella La distancia entre el cubreobjetos y la base de la cuadricula es de 0,1 mm. La cuadricula es un cuadrado de 3 mm de lado, dividido en nueve cuadrados grandes de 1 mm de lado, divididos a su vez en 16 cuadrados de 0,25 mm de lado (0,0625 mm2 de área). El cuadrado central se divide en 400 cuadrados pequeños de 0,05 mm de lado (0,0025 mm2 de área). El volumen total de la cámara de Neubauer es de0, 9 mm3 = 0,9 µl, y el volumen de cada uno de los nueve cuadrados de 1 mm de lado es de 0,1 mm3 = 0,1 µl

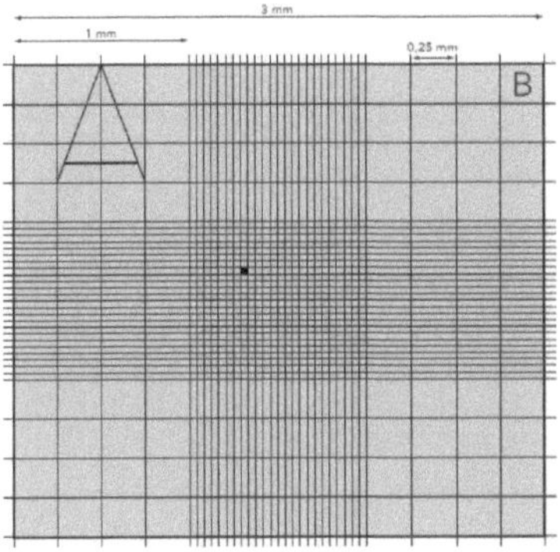


**Fig. 3: Cámara Neubauer**

- Procedimiento de contaje:

Todos los recuentos en cámara se ajustan a la formula universal de recuento, deberá darse en número de células/Volumen, además teniendo en cuenta la dilución realizada:

$$\text{Partículas por µl} = \frac{\text{Partículas contadas}}{\text{Superfic. cont. (mm}^2\text{) x Profundidad cámara (mm) x Dilución}}$$

Ejemplo contaje cámara Neubauer:

1. Células contadas en 4 cuadrados medianos de las esquinas: 528 unidades
2. Superficie contada: 4 cuadrados medianos, que corresponden a 1mm x 0,25 mm = 0,25 mm2
3. Profundidad de la cámara: 0,1 mm
4. Dilución: 1: 200

Partículas por Vol. (µl) = 528 / 0,25 x 0,1 x 0,02 = 4,224 millones / µl

✓ **Cámara de recuento celular Neubauer *improved:***

Es una cámara muy similar a la anterior. La cuadrícula de recuento está formada por 9 cuadrados grandes, cada uno de ellos con una superficie de 1 mm$^2$. El cuadrado grande central, que la diferencia de la anterior, (se puede ver en su totalidad con el objetivo 10X; ver figura), está dividido en 25 cuadrados medianos (con el objetivo 40X se pueden ver los cuadrados medianos completamente; ver figura), cada uno de ellos con 16 cuadrados pequeños en su interior. Los cuatro cuadrados grandes de las esquinas (no se muestran en la figura), están formados por 16 cuadrados medianos.

El recuento se puede realizar tanto en el cuadrado grande central como en los de las esquinas, dependiendo del tamaño de las células en estudio. Cuando colocamos la muestra bajo el cubreobjetos, la suspensión celular alcanza una altura de 0,1 mm. (Volumen de la cámara).

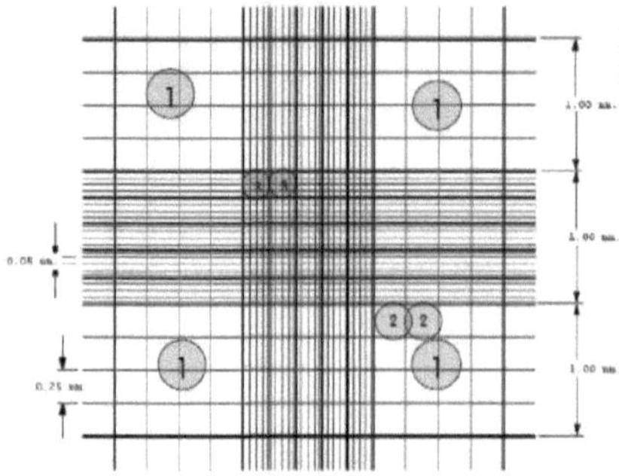


**Fig. 4: Cámara Neubauer Improved**

Ejemplo contaje cámara Neubauer:

1. Se cuentan las células contenidas en los cuadrados de las esquinas grandes, el mínimo es 16, si hemos elegido una de las esquinas. Contabilizamos N= 430 células en uno de los cuadrados grandes
2. Superficie contada: 1 mm x 1 mm = 1mm$^{2.}$
3. Profundidad de 0,1 mm.
4. Dilución de 1:50.

Células por Vol. (µl) = 439 / 1 x 0,1 x 0,05 = 215.000 cel. / µl

✓ **Cámara de Fuchs-Rosenthal:**

Se suele utilizar para recontar células en el liquido cefalorraquídeo y otros líquidos corporales, la distancia entre el cubreobjetos y la base de la cuadricula es de 0,2 mm. La cuadricula es un cuadrado de 4 mm de lado (nº 1), dividido en 16 cuadrados de 1 mm2 de área (nº 2). Cada cuadrado grande se divide, a su vez, en 16 cuadrados pequeños. El volumen total de la cámara de Fuchs-Rosenthal es de 16 x 0,2 mm3 = 3,2 µl.

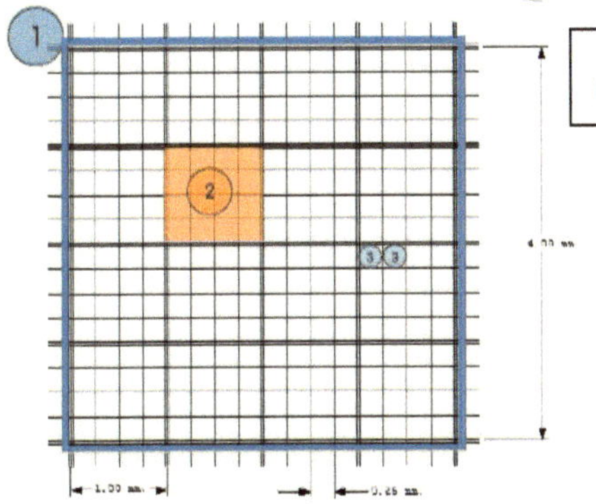

**Fig. 5: Cámara Fuch Rosenthal.**

Ejemplo contaje cámara Fuch-Rosenthal:

1. Se cuentan las células contenidas en los cuadrados medianos (16 en total). Contabilizamos N= 280 células en total en toda la cámara.
2. Superficie contada: 4 mm x 4 mm = $16mm^{2}$.
3. Profundidad de líquido cámara de 0,1 mm.
4. Dilución de 1:20.

Células por Vol. (µl) = 280 / 16 x 0,1 x 0,02 = 3.500 cel. / µl

✓ **Cámara de recuento celular Thoma:**

La cuadrícula de recuento está formada por 1 cuadrado central grande, con una superficie de 1 $mm^2$. Este cuadrado grande central está dividido en 16 cuadrados medianos, cada uno de ellos en su interior con 25 cuadrados pequeños (9 de los cuales están divididos por la mitad).

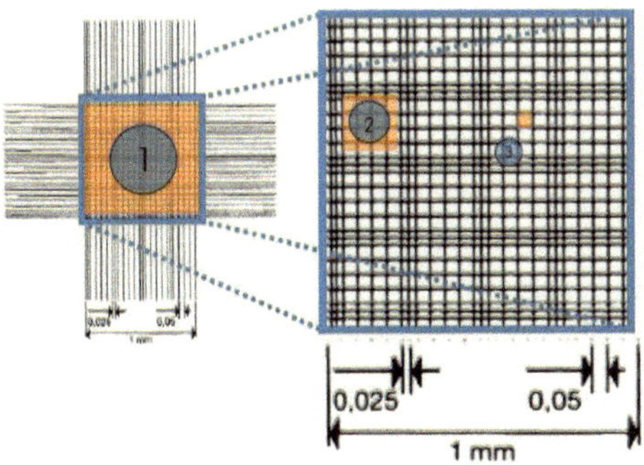


**Fig. 6: Cámara Thoma**

Ejemplo contaje cámara Thoma:

En esta cámara hay que contar y sumar todas las células que están dentro de los 16 cuadrados medianos.

1. Se cuentan las células contenidas en los cuadrados medianos (16 en total). Contabilizamos N= 730 células en total en toda la cámara.
2. Superficie contada: 1 mm x 1 mm = 1 $mm^{2.}$
3. Profundidad de líquido cámara de 0,1 mm.
4. Dilución de 1:2.

Células por Vol. (µl) = 730 / 1 x 0,1 x 0,5 = 14.600 cel. / µl

✓ **Cámara de Burker::**

Es una cámara que se usa en los laboratorios de fertilidad, pero que en caso necesario puede usarse para contaje celular. La cuadrícula de recuento muestra 9 cuadrados grandes, cada uno de 1 $mm^2$.Cada cuadrado grande está dividido por líneas dobles (a una distancia de 0,05 mm) en 16 cuadrados medianos, cada uno con aristas de 0,2 mm. Las líneas dobles forman cuadrados pequeños de una superficie de 0,0025 mm2.

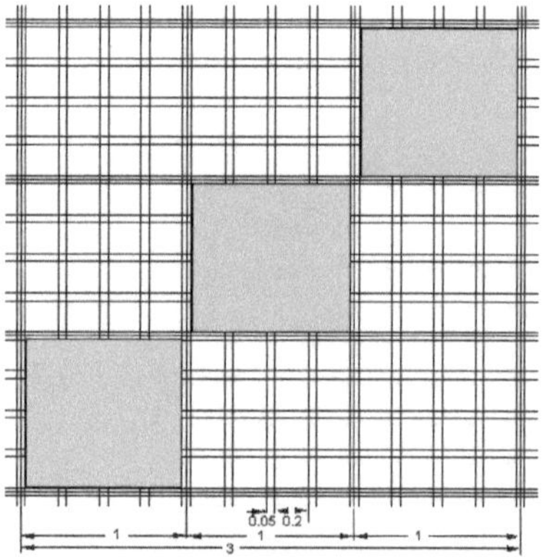


**Fig. 7: Cámara Burker**

Ejemplo contaje cámara Burker:

1. Se cuentan las células contenidas en los cuadrados medianos (9 en total). Contabilizamos N= 115 células en total en toda la cámara.
2. Superficie contada: 3 mm x 3 mm = 9 $mm^{2.}$
3. Profundidad de líquido cámara de 0,1 mm.
4. Dilución de 1:4.

Células por Vol. (µl) = 115 / 9 x 0,1 x 0,25 = 511 cel. / µl

* Existen otras cámaras como son:

- ✓ Bürker-Türk
- ✓ Malassez
- ✓ Nageotte

En todas ellas es aplicable la formula anteriormente descrita para el recuento de células en cualquier cámara.

$$\text{Partículas por } \mu l = \frac{\text{Partículas contadas}}{\text{Superfic. cont. } (mm^2) \times \text{Profundidad cámara } (mm) \times \text{Dilución}}$$

## Contaje Automatizado.-Metodología.

Los autoanalizadores hematológicos o contadores electrónicos, son actualmente la opción en los laboratorios modernos. El margen de error obtenido mediante los métodos manuales, el cual oscila en torno al 20%, se ve disminuido enormemente con el desarrollo de estos aparatos, siendo el margen de error en torno o incluso inferior al 1%.

Los contadores automáticos pueden usar diferentes formas de medir las células, bien por impedancia electrónica de las células o bien por dispersión o difracción de la luz. En ambos caos no se limitan a llevar a cabo el recuento celular de los distintos elementos formes. Por lo general proporcionan los resultados de todos y cada uno de los parámetros constituyentes del hemograma

De hecho, los contadores de líquidos biológicos no son más que contadores automáticos de sangre para la realización de hemogramas, a los que se les ha realizado una modificación a nivel de software que mejora su sensibilidad, disminuyendo esta misma, y que permite el análisis de recuentos de líquidos biológicos con escaso número de células.

**Fig. 8: Sysmex-XE-2100TM Sistema automatizado de hematología.**

- Componentes de un contador automático.

**- Diluidor:**

Son necesarios para disminuir la concentración de la sangre hasta el nivel adecuado para el funcionamiento del contador. La dilución dependerá del tipo de célula a contar, para el recuento de leucocitos (por ejemplo, a 1/300 en el contador ABX MICROSOT) y mucho para el recuento de hematíes (por ejemplo, a 1/20.000 en el contador ABX MICROSOT). La dilución realizada por dicho elemento variará dependiendo del contador electrónico en cuestión, aunque todo ello no es necesario que sea tenido en cuenta en el trabajo del técnico. Como líquido diluyente utiliza una solución isotónica con capacidad conductora.

**- Compresor-Aspirador:**

Este dispositivo es necesario pues aporta la presión y el vacío necesarios para transportar la sangre, convenientemente diluida, al dispositivo de medida.

***- Dispositivo de medida:***

Es la cámara donde se cuentan realmente las células sanguíneas (cámara de medida o de lectura). Su diseño depende del método de recuento utilizado por cada modelo de contador. Como hemos dicho anteriormente, pueden basarse en un sistema de detección celular por medida de la impedancia o en sistemas ópticos de detección celular.

En los contadores electrónicos más avanzados, una válvula de cerámica reparte la muestra hacia distintas cámaras de medida. Cada cámara de medida está especialmente diseñada para el recuento de un tipo celular (glóbulos rojos, leucocito s o plaquetas) o para la determinación de hemoglobina.

**- Transductor:**

Transforma las señales, procedentes del dispositivo de medida, en impulsos eléctricos. Suele ser un fotomultiplicador.

**- Discriminador:**

Diferencia los impulsos eléctricos generados por cada uno de los tipos de células sanguíneas.

**-Procesador:**

Recoge los datos obtenidos, los procesa y los proyecta en una pantalla.

**- Registrador:**

Imprime en papel los resultados conseguidos.

- ***Métodos electrónicos de recuento celular.***

Cada contador electrónico, se basa en su propio fundamento para obtener los resultados. Son dos métodos los que habitualmente se emplean.

A) Método de la resistencia o impedancia.- Coulter:

Es el utilizado por los primeros contadores, ya que fue descubierto por Coulter en 1956. Se basa en la tecnología que lleva su propio nombre. Se fundamenta en la mala conductividad de las células sanguíneas. El líquido diluyente es un buen conductor de la. El dispositivo de medida consiste en un pequeño orificio, a través del cual se hace pasar la sangre diluida. Tiene colocados un electrodo a su entrada y otro a su salida. También se hace pasar una corriente eléctrica constante a través de ese mismo orificio.

**Fig. 9: Contaje de glóbulos rojos y plaquetas mediante tecnológica de impedancia.**

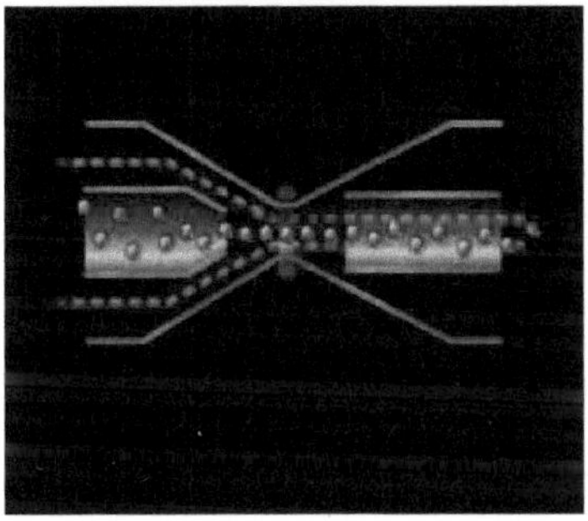

Si el orificio es atravesado solamente por líquido diluyente, la resistencia eléctrica medida por los electrodos es mínima y constante, pero cuando el orificio es atravesado por una célula sanguínea, se produce un aumento de la resistencia eléctrica y un cambio de potencial entre los electrodos. El número de señales eléctricas generadas indica el número de células presentes en la sangre y la amplitud de estas señales es directamente proporcional al volumen celular. De este modo es posible la identificación de las células y por tanto el recuento.

B) Método de la dispersión y difracción de la luz:

***Método del campo oscuro:***

El dispositivo de medida consiste en un capilar por el que circula la sangre diluida y que es atravesado por un haz de luz halógena. Cuando no pasan células a lo largo del capilar, el haz de luz incide sobre una zona no sensible (disco campo oscuro); pero si una célula pasa a través del capilar, dispersa los rayos del haz luminoso hacia afuera del disco, donde son captados por un fotodetector.

El número de señales luminosas detectado indica el número de células presentes en la sangre, y la intensidad de la dispersión luminosa producida por cada una de ellas es directamente proporcional al tamaño y contenido de las células, siendo de este modo posible la identificación y por tanto el recuento.

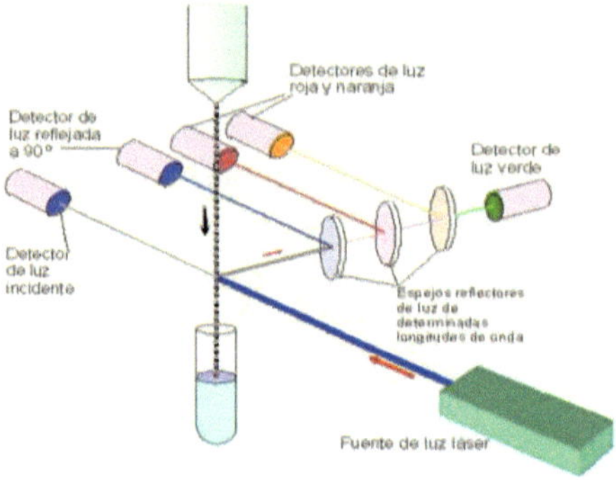


**Fig. 10: Contaje mediante dispersión.**

## Método del rayo laser

El dispositivo de medida consta de un detector situado detrás de un capilar por el que circula un flujo continuo de sangre diluida; es pues un citómetro de flujo. Un rayo láser atraviesa el capilar y se dirige hacia el detector. Cuando no pasan células a lo largo del capilar, el rayo láser incide sobre el detector, pero si una célula pasa a través del capilar, el rayo láser es interceptado por ella y deja de incidir sobre el detector.

**Fig. 11: Contaje mediante laser.**

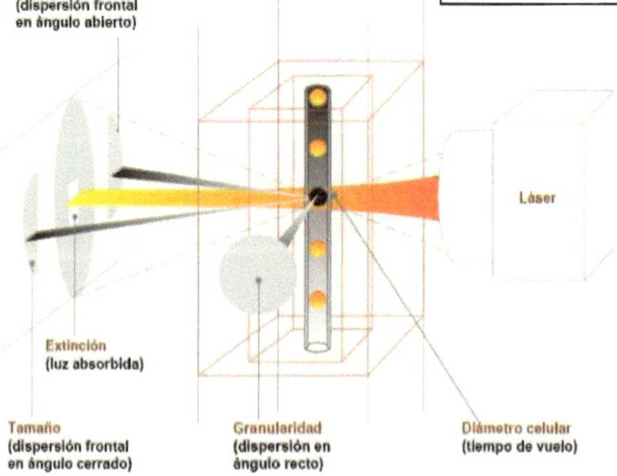

El número de interferencias indica el número de células presentes en la sangre, y el grado de interferencia que produce cada célula a su paso es directamente proporcional a su tamaño.

***Interpretación de resultados y parámetros:***

Los autoanalizadores dan información en forma de gráficos y de parámetros, la comprensión de todos los parámetros es compleja y en ocasiones difícil de interpretar, es por ello que dichos equipos simplifican la información a resultados más fácilmente interpretables, como los escategramas:

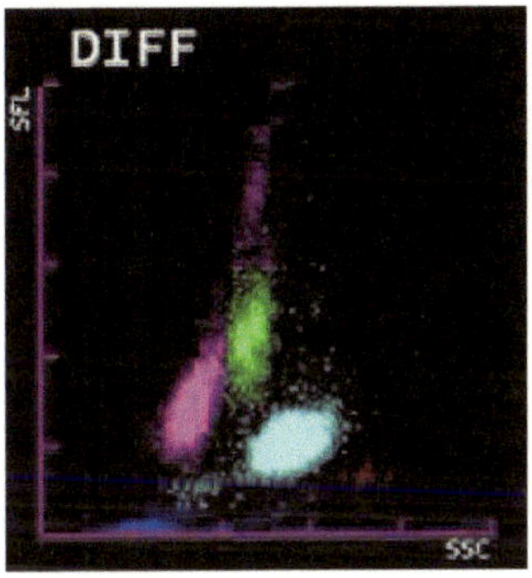


**Fig. 12: Escategrama señal fluorescente vs. Dispersión.**

Los escategramas o Scatterplot representan un grafico de fluorescencia frente a dispersión lateral. El programa ha separado automáticamente las poblaciones basándose en un algoritmo de proximidad a centroides. En color cian se observa la población de neutrófilos + basófilos, en magenta la de linfocitos, en verde monocitos, en rojo la de eosinófilos y por debajo las plaquetas y eritrocitos fantasma

Los modernos contadores electrónicos pueden llegar a determinar hasta más de 50 parámetros. Entre éstos cabe destacar los siguientes:

| Tabla 1: Parámetros que reporta un contador automático (21 diferentes) |
|---|
| WBC, RBC, HGB, HCT, VCM, HCM, CHCM, PLT, NEUT%, LINF%, MONO%, EO%, BASO%, NEUT#, LINF#, MONO#, EO#, BASO#, RDW-SD, RDW-CV, VPM |

Todos estos parámetros constituyen las determinaciones analíticas incluidas en el hemograma o también denominado perfil hematológico básico, del cual trataremos en temas sucesivos. Estos son algunos de los contadores automatizados más usados:

**Fig. 13: Diferentes autoanalizadores automáticos mas usados**

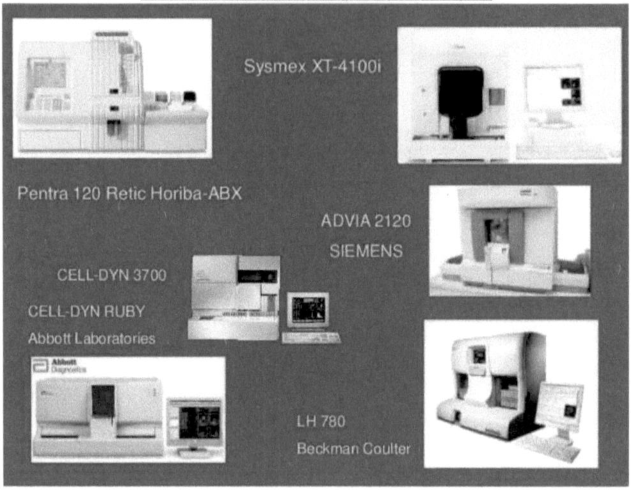

Tabla 2: Comparativa contaje manual vs automático

## Ventajas e Inconvenientes del Contaje Manual vs. Automático

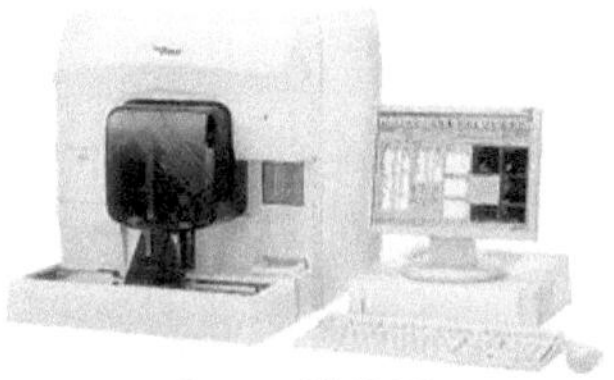

Sysmex XT 4000i

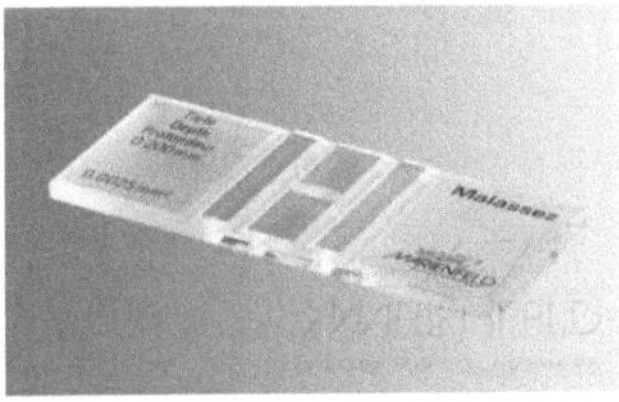

| Automático | Manual |
| --- | --- |
| **VENTAJAS:**<br>**Tiempo de respuesta:** 50 Líquidos (Tm=36 min)<br>**Límites de detección** suficientes para Líquidos Serosos: ***[0,1 a 0,5 x $10^9$ Leu/L y 0,01 a 0,05 x $10^{12}$ Eri. /L]***<br>**Mayor Especificidad**: también contabiliza elementos celulares diferentes.<br>Reducción **tiempo de formación** personal **Mayor seguridad**. | **VENTAJAS:**<br>- Mayor **exactitud** en recuentos bajos. (Sobretodo en LCR)<br>- Ligera mejoría en la respuesta del estudio del LS (viscosidad) |
| **DESVENTAJAS:**<br>**Contaminación por arrastre**: resuelto con los contadores adaptados (chequeo blanco)<br>**RETO:** elevada viscosidad del LS y **LCR:** necesidad de combinar recuento con cámara ≥ 0,4 x $10^9$/L. | **DESVENTAJAS:**<br>**Tiempo de respuesta:** 50 Líquidos (Tm= 61 min)<br>**Peor** porcentaje de **concordancia**<br>**Manipulación:** (homogeneización, pipeteo, dilución, montaje...)<br>**Tinción** en Dif. Cel.: (Panóptico/May-Grünwald y Giemsa) |

* En cualquier situación, ya sea por sospecha de interferencia o por error en el equipo, etc., es recomendable recurrir al método de contaje manual.

# FASE PREANALÍTICA DEL LÍQUIDO CEFALORRAQUÍDEO

## *Fisiología del LRC:*

El líquido cefalorraquídeo está compuesto por: principalmente agua, sodio, potasio, calcio, cloro, sales inorgánicas (fosfatos) y componentes orgánicos (gliales). Actúa como un amortiguador, protegiendo el cerebro y la columna de lesiones. Por lo regular, el líquido es transparente. El LCR es producido en un 70 % en los *plexos coroideos* de los cuatro ventrículos cerebrales, sobre todo los laterales y 30 % en el epéndimo a razón de 0.35 ml/minuto o 500 ml/día. Un adulto tiene 150 ml de éste y se renueva cada 3 o 4 horas. Circula por el espacio subaracnoideo, los ventrículos cerebrales y el canal ependimario sumando un volumen entre 100 y 150 ml, en condiciones normales.

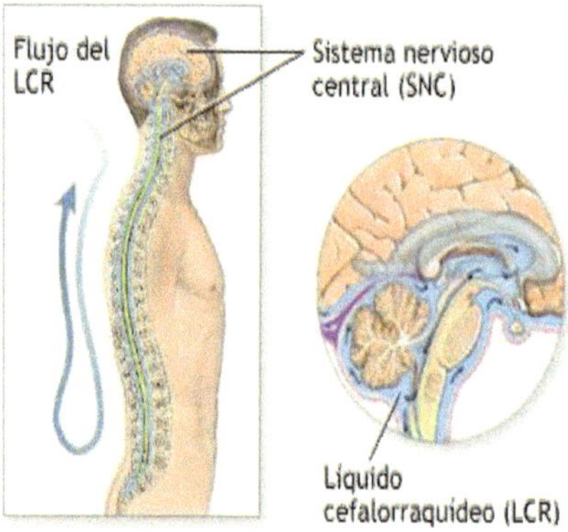


**Fig. 14: Liquido Cefalorraquídeo en nuestro organismo.**

La eliminación del líquido cefalorraquídeo se lleva a cabo a través de las granulaciones aracnoides, proyección de las células de la aracnoides sobre los senos vasculares que alberga la duramadre. Estos senos desembocarán directamente en el torrente sanguíneo. En la región más anterior del cerebro está el espacio subaracnoideo de los lóbulos olfatorios, que se continúa con un espacio alrededor de los nervios olfatorios (por lo tanto, queda muy cerca de la mucosa olfatoria y del espacio aéreo de la nariz). Desde esta región pasa a los ganglios linfáticos. El LCR, es un fluido metabólicamente activo y dinámico que tiene muchas e importantes funciones, en resumen:

1) Soporte y protección del sistema nervioso central.
2) Participa en la homeostasis

3) Transporte de hormonas y NT
4) Vehículo de excreción de productos del metabolismo SNC.

Su análisis es decisivo para el diagnóstico y el tratamiento de enfermedades neurológicas o infecciosas que afectan al cerebro, la médula espinal y las meninges, así como en la evaluación de la hemorragia subaracnoidea y en la metástasis leptomeíngeas. Dada la importancia del análisis de este fluido y la influencia que algunas variables pueden tener en los resultados, se hace necesario realizar ciertas recomendaciones con el fin de unificar criterios, especialmente en aspectos como el transporte, el procesamiento y la determinación de magnitudes citológicas y bioquímica.

## *Obtención del LCR:*

Se puede obtener, por punción lumbar, por punción cisternal, o por punción ventricular (ventriculostomia). La obtención de este líquido es importante debido a que es un importante elemento de diagnóstico de enfermedades neurológicas, como pueden ser los síndromes meníngeos, las hemorragias subaracnoideas, los tumores cerebro-espinales, etc. Para la punción lumbar se utiliza una aguja de aproximadamente 10 cm con mandril. El paciente puede estar sentado o acostado. Recordando que la médula espinal termina en los niveles L1-L2, (para no poner en riesgo un daño en la misma, optando por ello el acceso al líquido del fílum terminal, que reviste el canal ependimario, con líquido cefalorraquídeo), la punción se realiza entre la cuarta y la quinta vértebras lumbares, y tan solo se espera a que comience a gotear este líquido. Además, mientras el paciente se encuentra punzado, es posible medir la presión de este líquido con la utilización de un manómetro. Para la punción cisternal, lo único que debe cambiarse es la posición del paciente, el cual sí debe estar sentado, y además con hiperflexión cervical, ya que la aguja se introduce en el espacio occipito-atloideo. Varía de acuerdo donde se coloque el sistema de medición (anatomía); a la posición del paciente al momento del registro y a la edad.

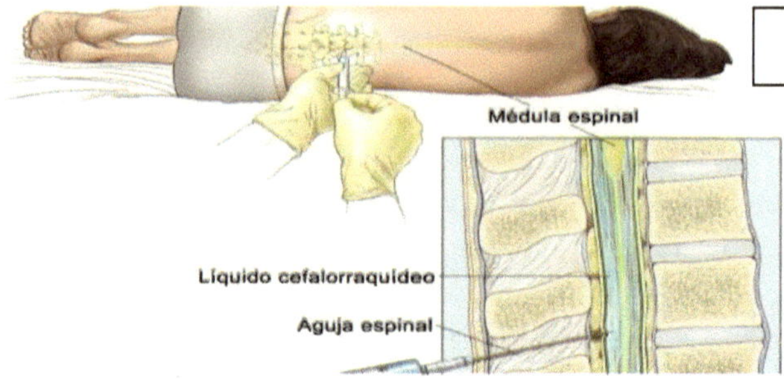


**Fig. 15: Toma de muestra del LCR.**

Lo correcto en el proceso de extracción es la recogida de 3 alícuotas en tubo estéril. Los tubos han de marcarse con arreglo a su secuencia de recolección y se aconseja que el primer tubo se dedique al análisis bioquímico y serológico. En general no se precisa anticoagulante, ya que el líquido espinal no forma coágulos, a no ser que la punción haya sido traumática. No se debe extraer más de 10- 20 ml en adultos, y de 5 u 8 ml en niños.

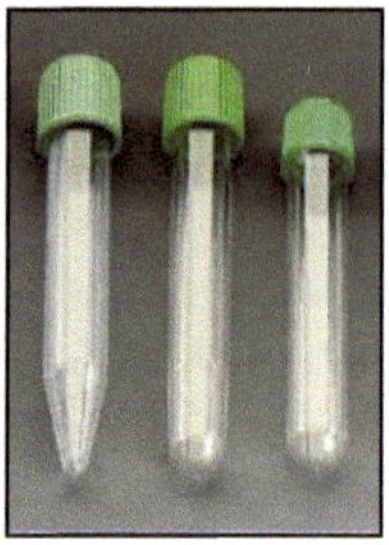

**Fig. 16: Alícuotas del LCR**

Alícuotas

- Tubo 1: estudios bioquímicos e inmunológicos

- Tubo 2: examen microbiológico

- Tubo 3: recuento de leucocitos y su contaje diferencial.

## *Manipulación y transporte*

Los especímenes de LCR deben enviarse al laboratorio tan pronto como finalice la extracción, ya que la degeneración celular puede empezar en menos de 1 hora, por lo que el recuento debe realizarse de forma inmediata.

Los tubos deben transportarse a temperatura ambiente. Las muestras para microbiología no deben refrigerarse nunca antes de ser procesadas, ya que algunos de los microorganismos que se van a estudiar son sensibles al frio y éste podría inhibir su crecimiento en el cultivo. En cuanto al transporte se recomienda su transporte y entrega en mano.

# FASE ANÁLITICA DEL LÍQUIDO CEFALORRAQUÍDEO

## Estudio Macroscópico:

Este examen incluye observaciones como la claridad, el color del líquido antes de centrifugar, el color del sobrenadante y la formación de coágulo. Este líquido biológico es incoloro, inodoro y con una viscosidad similar a la del agua por lo que se compara con el agua de roca, por tanto es claro y transparente. El aumento del recuento celular (pleocitosis) causa turbidez, que es apreciable cuando el recuento de células nucleadas está próximo a 200/µl.

Lo correcto y recomendable será analizar los siguientes aspectos macroscópicos a la hora de recibir el líquido:

- Coágulos por fibrinógeno: Son indicativos de punción traumática o meningitis purulenta. No aparece en Hemorragia Subaracnoidea
- Viscosidad aumentada: Meningitis criptococcica o metástasis meníngea.
- Existencia de glóbulos de grasa de diversos tamaños en el LCR: Propios del embolismo graso en el cerebro
- Color :
    - Rojizo: hematíes
    - Verdoso: liberación de mieloperoxidasa.
    - Amarillo: liberación de bilirrubina.
    - Rosado: presencia de oxihemoglobina.
    - Marrón-anaranjado: presencia de metahemoglobina.

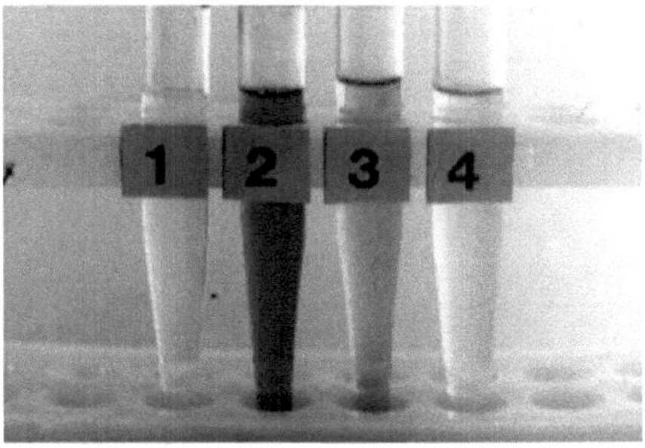


Fig. 17: Aspecto del LCR.
1.- **Normal**: Aspecto "agua de roca"
2. - **Rojizo**: Hemorragia subaracnoidea.
3.- **Rosado**: Presencia de oxihemoglobina por hematoma intracerebral.
4. - **Turbio**: Presencia de leucocitos por meningitis bacteriana.

- ***Xantocromía:***

Mención especial requiere el color que adquiere el LCR una vez centrifugado, y que está relacionado con los colores amarillo, rosado y marrón-anaranjado. Cuando el líquido es de color rojizo, sugiere la presencia de sangre, que puede ser el resultado de una punción traumática o de una hemorragia subaracnoidea, intracerebral o de un traumatismo. Para diferenciar la procedencia de este color rojizo, ha de hacerse una prueba a los tres tubos extraídos:

- Una punción traumática provoca que el LCR se vaya aclarando de forma gradual en los tubos que se hayan recogido. Si el aspecto hemorrágico ha sido producido por una punción traumática, esta coloración va disminuyendo del primer al tercer tubo. Si es debida a una hemorragia, el color se mantiene en los tres tubos.

- La xantocromía, que hace referencia al color rosado anaranjado tras centrifugación, aparece entre 2 y 4 horas después de producirse una hemorragia subaracnoidea. Pasadas las 12 horas tras la hemorragia, aparece un color amarillento con la intensidad máxima entre las 24 y 36 horas para desaparecer entre los 4 y 8 días, pudiendo estar presente hasta 4 semanas (Fig.). El sobrenadante de las muestras traumáticas es transparente. Se debe tener en cuenta que la xantocromía aparece cuando los eritrocitos se han lisado, es decir, que han estado presentes en el LCR entre 1 y 4 horas.

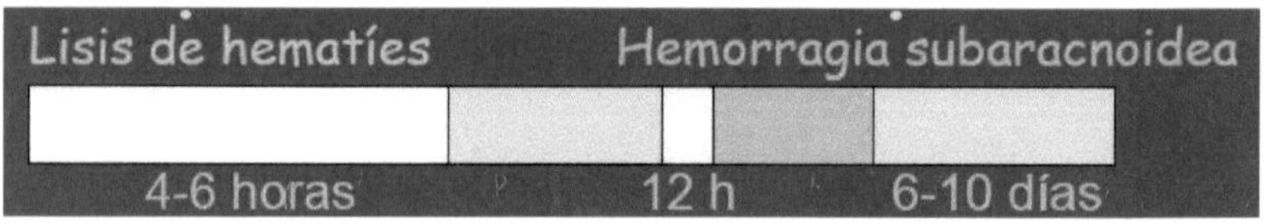


**Fig. 18: En el caso de hemorragia subaracnoidea aparece un pico de absorción máxima entre 24-36 h**

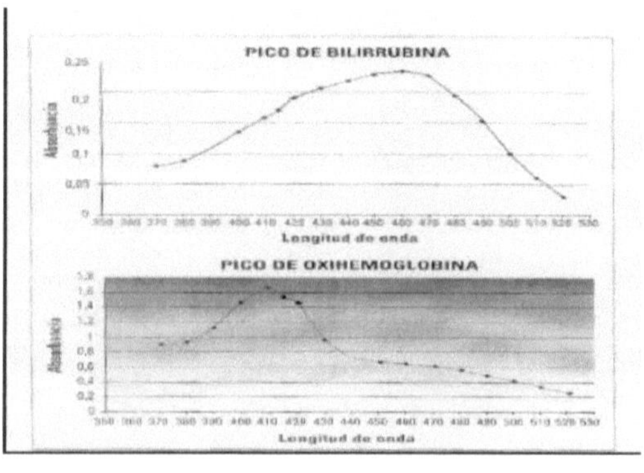

Por tanto la prueba de xantocromía ha de realizarse una vez que se recibe el liquido y presenta aspecto hemático, o con sus variantes rosado o anaranjado. No tiene sentido realizarlo a líquidos de aspecto normal o turbio blanquecino. Es muy importante hacer hincapié en recibir todos los extraídos en el laboratorio si queremos valorar la xantocromía, al menos en fase inicial para valorar esta prueba; aunque con posterioridad se desglosen a otros laboratorios. La tabla de a continuación resumen las pruebas para diferenciar entre punción traumática y hemorragia subaracnoidea.

**Tabla 3: Diferencias punción traumática vs. hemorragia**

| Determinaciones | Punción traumática | Hemorragia subaracnoidea |
|---|---|---|
| Aspecto tubo 1,2,3 | Desigual | Igual |
| Coágulos | A menudo | No se observa |
| Sobrenadante | Incoloro | Xantocrómico |
| Espectrofotometría Entre 370 y 530 nm | Negativo | Pico a 415(oxiHb). Pico a 450-460 nm (Bb) |

En algunos casos pueden observarse "falsas" xantocromías producidas por:

• Presencia de bilirrubina procedente del plasma en el LCR debido a que la concentración es superior a 86 µmol/L (5mg/dL)

• Demora en la centrifugación de un LCR hemático

• Presencia de carotenoides por hipercarotenemia

• Presencia de melanina por un melanosarcoma en las meninges

•Contaminación con mertiolato o desinfectantes yodados utilizados para la desinfección de la zona de punción.

En el LCR de recién nacidos prematuros se puede producir la xantocromía debido a la combinación de dos factores: la concentración fisiológicamente elevada de bilirrubina y proteínas en el plasma y a la inmadurez de la barrera hematoencefálica.

## Examen microscópico

En el examen microscópico del LCR se debe realizar el contaje (cámara o automatizado) para conocer la concentración de células y la diferenciación celular (tinción o citocentrifugación) para la diferenciación de leucocitos. El estudio de las células debe realizarse tan pronto se recibe la muestra, siempre antes de dos horas, para evitar que se produzca la lisis de las mismas. Una concentración de células entre

5 y 10/µL se considera límite de la normalidad y superior a 10 células/µL es elevado. El incremento de células del LCR se denomina pleocitosis.

- ***Recuento celular***

Actualmente los contadores celulares automáticos realizan este trabajo gracias al aumento de sensibilidad de los mismos, como ya hemos visto con anterioridad. Con la salvedad de que en la zona de decisión clínica (10 leucocitos/µl) el equipo puede sobrevalorar el número de células. Por ello se propone la realización manual cuando el recuento automático esté entre 8 y 20 leucocitos/µl. Para el contaje manual se debe utilizar una cámara de contaje (Neubauer, Fuchs Rosenthal, Thoma) para obtener la concentración de leucocitos y de hematíes con el líquido sin diluir o con diluciones bajas, con lo cual minimizamos el posible error propio de la dilución.

✓ Leucocitos: La concentración de células en el LCR normal de un adulto varía entre 0-5 mononucleadas µL (con predominio de linfocitos y monocitos). En el recién nacido en las primeras semanas la concentración de células es mayor, alrededor de 0-30/µL. En el caso de líquidos con muchos hematíes puede usarse una dilución previa dilución con líquido de Turk. El líquido de Turk es hipotónico de modo que se destruyen los hematíes y así no entorpecen en el recuento. Consta de ácido acético glaciar 2ml, violeta de genciana (disolución de 1% 1ml y agua destilada en cantidad suficiente para 1000ml.

✓ Hematíes: La cifra total de hematíes tiene escaso valor. Su principal aplicación es corregir el recuento leucocitario o la concentración de proteínas (1mg por cada 1000 hematíes), y en el caso de punción traumática, para realizar la corrección de leucocitos, de forma que se debe restar un leucocito por cada 700 hematíes, para dar una cifra correcta de leucocitos.

- ***Diferenciación celular:***

Es necesario para ver de qué tipo son las células que tiene un LCR con recuento patológico. Se basa en diferenciar los leucocitos en dos tipos:

- Mononucleares, que corresponderán a los monocitos y los linfocitos.
- Polinucleares, que corresponden al resto de leucocitos, es decir los neutrófilos, eosinófilos y basófilos.

**Fig. 19: Clasificación de los Leucocitos**

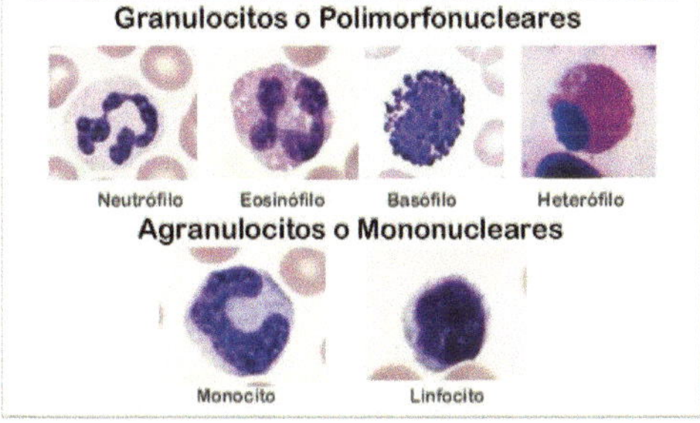


- Autoanalizadores:

En el caso de usemos equipos automáticos, estos realizan la diferencian celular por si solos gracias al uso de colorantes internos y mediante metodología de citometría de flujo, como hemos visto con anterioridad. Es importante realizar un chequeo del ruido de fondo del equipo o back-ground del equipo antes de iniciar la medida, con el objeto de asegurarnos que no hay interferencias previas. Los resultados del autoanalizador pueden observarse en los scategramas.

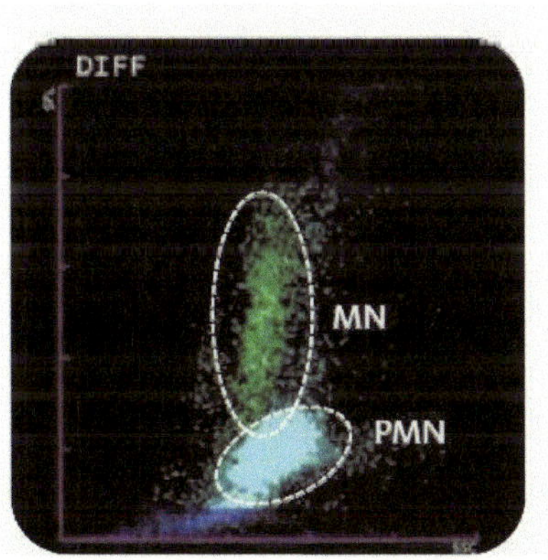


**Fig. 20: Escategrama de LCR.**

- Manual:

En la diferenciación manual se puede realizar directamente, en los casos en los que exista numero de leucocitos suficientes para realizar el contaje sin realizar una concentración. O bien, debido en las muestras que presenten escaso número de células, se suele aumentar la concentración de las mismas para realizar una diferenciación leucocitaria más fiable. La centrifugación es el más sencillo pero el menos satisfactorio, puesto que se pueden dañar las células. La citocentrifugación por el contrario, es un método satisfactorio para el recuento diferencial de leucocitos, que nos permitirá obtener una concentración de las células sin alterar su morfología para su posterior identificación. En el caso de no disponer de citocentrífuga se puede centrifugar la muestra con una centrífuga convencional a 500 rpm durante 5 minutos, separando el sobrenadante y realizando una extensión tras la resuspensión del sedimento.

La tinción de la muestra o sedimento resuspendido se puede hacer directamente en fresco mediante tinción con azul de metileno, es un colorante a base de Cloruro de Metiltionina, que es usado para teñir los núcleos de las células, permitiendo así su fácil diferenciación. El colorante puede usarse directamente, dejando caer una gota de azul de metilo al borde del cubreobjetos, de tal manera que el colorante penetre en la muestra por capilaridad. Eliminar el exceso de colorante y observamos. O bien existe preparados comerciales de portaobjetos pre-teñidos que hacen más fácil este trabajo, aunque son más costosos. Estos portas están dotados de una capa consistente de acetato de violeta de cresilo y de nuevo azul de metileno, que tiñe los núcleos y permite la diferenciación.

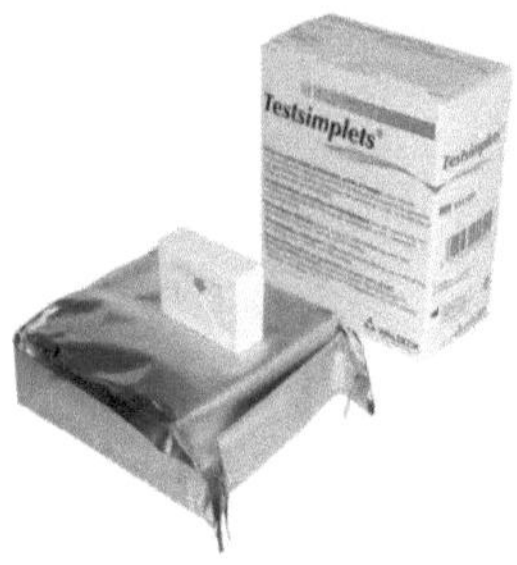


**Fig. 21: Imagen comercial de los portas preteñidos para el estudio de la diferenciación celular.**

El recuento diferencial se realiza examinando 100 células y se anotan los tantos por ciento de cada una.

- ***Correlación celularidad – patología:***

Si la concentración de células no es superior a 300 células/µL y el predominio celular es linfocitario (60-100%), generalmente se asocia a procesos subagudos o crónicos.

Si la concentración de células está muy aumentada, suelen predominar los neutrófilos y acompaña a procesos sépticos agudos. También podemos observar un aumento de los eosinófilos, en casos de cisticercosis, hidatidosis o tras la inyección de medios de contraste radiológicos, reacciones medicamentosas, etc. Existe una correlación entre el tipo de células que se encuentra aumentada y la posible clínica que presente el paciente:

**Tabla 4: Patologías más comunes en relación a la celularidad presente.**

| Neutrófilos | Linfocitos | Eosinófilos |
|---|---|---|
| Meningitis bacteriana | Meningitis vírica | Infección parasitaria |
| Meningitis micótica incipiente | Meningitis sifilítica | Infección micótica |
| Absceso cerebral | Infección por Listeria, Leptospira | Reacción a materiales extraños |
| Empiema subdural | Infestación parasitaria SNC | Polineuritis |
| Postepilepsias | Trastornos degenerativos | |
| Posthemorragia subaracnoidea | Otros trastornos inflamatorios | |
| Postinfarto SNC | | |
| Administración de sustancias por vía subaracnoidea | | |
| Metástasis SNC | | |

- Pleocitosis ligera (10-30 células/μL) o moderada (30-100 células/μL) se puede encontrar en:
    - Meningitis tuberculosa, con predominio linfocitario y una concentración de glucosa en LCR muy disminuida.
    - Encefalitis, poliomielitis.
    - Reacciones meníngeas.
    - Tumores cerebrales.
    - Infiltración por células hematológicas malignas.
- Pleocitosis marcada (>100 células/μL):
    - Meningitis bacteriana, con predominio de polimorfonucleares.
    - Meningitis tuberculosa grave, con linfocitos y monocitos.
    - Meningitis víricas, donde además de linfocitos observaremos células plasmáticas.
    - Meningitis linfocitarias benignas, con predominio de linfocitos.
    - Rotura de absceso cerebral
    - Infiltración por células hematológicas malignas

- ***Estudio de células de aspecto canceroso.***

Ante la sospecha de células metastásicas es recomendable realizar un estudio de filiación celular, normalmente esto es realizado por el servicio de Anatomía Patológica. Se pueden observar en el LCR son las células neoplásicas procedentes de tumores primitivos del SNC y metastásicos, así como células blásticas por infiltración del SNC por leucemia o linfoma.

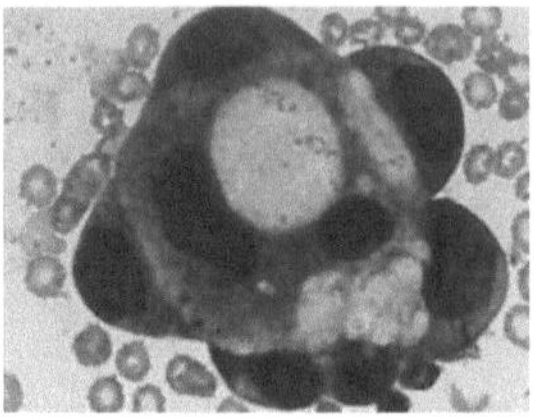

**Fig. 22: Célula de aspecto metastásico al MO**

Algunos laboratorios tienen un protocolo establecido ante la presencia de este tipo de células. Este protocolo trata de seguir un algoritmo diagnostico ante una alarma de células de alta fluorescencia en el contador hematológico. Es un paso que incluye equipos de diferenciación celular para la identificación de células ante sospechas de malignidad.

**Fig. 23: Algoritmo ante la presencia de células aspecto metastásico**

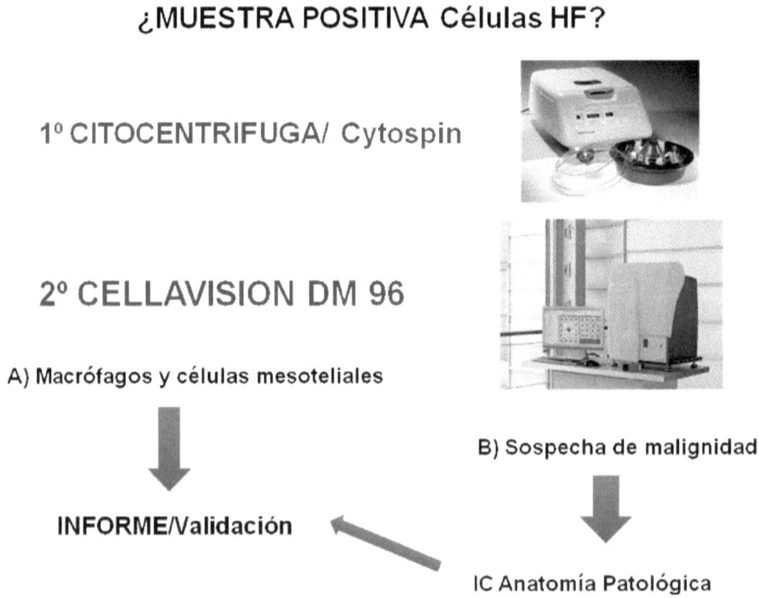

## Examen Bioquímico del LCR

Son diversos los estudios bioquímicos e inmunológicos que se pueden realizar a un LCR. El realizar un tipo de pruebas u otro lo marcara la sospecha clínica del facultativo clínico que atiende al paciente. Por regla general la cantidad de muestra del LCR es escasa, con lo cual la decisión de las pruebas es importante para no quedarnos sin muestra. El estudio de pruebas bioquímicas e inmunológicas se debe hacer de la alícuota numerada como 3.

- ***Concentración de glucosa.***

La glucosa atraviesa la barrera hematoencefálica desde el plasma al LCR por mecanismos de difusión pasiva y transporte activo. La concentración de glucosa en LCR depende de su concentración en el plasma. Esta dependencia hace necesaria la medición de la concentración de glucosa en el plasma y en el LCR de forma simultánea.

La concentración de glucosa en el LCR de un adulto sano es aproximadamente un 50-80% de la concentración de la glucosa del suero, 2,8-4,4 mmol/L (50-80 mg/dL). En recién nacidos prematuros la concentración de glucosa es más baja que en los recién nacidos a término 1,3-3,5 mmol/L (24-63 mg/dL) frente a 1,9-6,6 mmol/L (34-119 mg/dL). La elevación de la concentración de glucosa en el LCR supone la existencia de una concentración de glucosa elevada en suero entre dos y cuatro horas antes de la obtención de la muestra de LCR, estando relacionada con la existencia de diabetes, perfusión continua de suero glucosado, en algunos casos de encefalitis y en algunas situaciones asociadas con presión intracraneal aumentada, por ejemplo después de un traumatismo cerebral, tumores cerebrales y lesiones hipotalámicas. La concentración elevada de glucosa en LCR no tiene significación diagnóstica en sí misma, aunque no puede descartarse un consumo de la misma que puede quedar enmascarado por dicha elevación.

Concentraciones de glucosa bajas en LCR suelen ir asociadas a concentraciones de glucosa en suero bajas y también se encuentran en un 50% de las meningitis bacterianas. A su vez pueden aparecer concentraciones bajas en meningitis tuberculosas y fúngicas, toxoplasmosis, sarcoidosis, hemorragias subaracnoideas, tumores primarios y secundarios del cerebro y plexo coroideo, linfomas, leucemias, carcinomatosis meníngea y melanomatosis. Estas concentraciones bajas de glucosa en LCR se pueden deber a:

1) Utilización aumentada de la glucosa por leucocitos polimorfonucleares, células neoplásicas y bacterias.

2) Por la inhibición de la entrada de glucosa a causa de los cambios en la barrera hematoencefálica.

Esta magnitud se puede usar para la monitorización de la respuesta al tratamiento, ya que sus valores vuelven pronto al intervalo fisiológico tras un tratamiento eficaz.

- ***Concentración de proteínas.***

La barrera hematoencefálica es una barrera física, conformada por diferentes estructuras anatómicas, para la difusión y filtración de macromoléculas desde la sangre hasta el LCR. La integridad de esta barrera y el volumen de flujo de LCR, determina la concentración de proteína del LCR. Así las proteínas difunden desde el plasma al LCR a través de la barrera hematoencefálica.

La proteína que se encuentra en mayor concentración en el LCR es la albúmina, aunque podemos encontrar muchas de las proteínas que están en el suero. La composición y la concentración de proteínas en LCR son distintas según su origen y la edad del individuo. Hay un gradiente de concentración de proteínas, con una concentración más baja en los ventrículos, una concentración intermedia en la cisterna y una concentración de proteínas más alta en la zona lumbar.

En recién nacidos, la concentración de proteínas es elevada 0,3-1,4 g/L (30-140 mg/dL) debido a la inmadurez de la barrera hematoencefálica, pero desciende de forma gradual durante el primer año de vida, y se mantiene a concentraciones bajas durante la infancia. En el adulto, la concentración de proteínas es de 0,15-0,45 g/L (15-45 mg/dL) y va aumentando con la edad.

| PROTEÍNA TOTAL | g / L |
|---|---|
| *Según origen* | |
| Ventricular | 0,050 – 0,150 |
| Cisternal | 0,150 – 0,250 |
| Lumbar | 0,150 – 0,450 |
| *Según la edad* | |
| 1 – 30 días | 0,200 – 1,500 |
| 1 – 90 días | 0,200 – 1,000 |
| 3 – 6 meses | 0,150 – 0,500 |
| 0,5 – 10 años | 0,100 – 0,300 |
| 10 – 40 años | 0,150 – 0,450 |
| 40 – 50 años | 0,200 – 0,500 |
| 50 – 60 años | 0,250 – 0,550 |
| >60 años | 0,300 – 0,600 |
| *Según el método* | |
| Modificación del Biuret (36) | 0,140 – 0,620 |
| Turbidimetría (TCA) | 0,150 – 0,300 |
| Lowry | 0,250 – 0,450 |

**Tabla 5: Valores de referencia de proteínas en LCR**

Por tanto, la medición de la concentración de proteínas en LCR se puede realizar para:

- Valorar el estado de la barrera hematoencefálica que se ve alterada por la inflamación, aumentando la concentración de proteínas en el LCR
- Detectar procesos inflamatorios del sistema nervioso central
- Descubrir procesos en los que se produzca degeneración o destrucción del SNC, dando lugar a la liberación de proteínas específicas.

El incremento de la concentración de proteínas en el LCR es la alteración más frecuente que observamos en el LCR y también una de las más difíciles a la hora de su interpretación diagnóstica. Este aumento puede ser consecuencia de:

a) **Aumento de la permeabilidad** de la barrera hematoencefálica por procesos inflamatorios como las meningitis. Se utiliza el aumento de la concentración de proteínas en el LCR para establecer el diagnóstico diferencial entre las meningitis bacterianas y las no bacterianas.

Debemos tener presentes las siguientes consideraciones:

- En el inicio de las meningitis la concentración de proteínas no suele estar elevada.
- En las meningitis agudas bacterianas, la concentración de proteínas en LCR suele ser superior a 1,5 g/l .
- En un 10% de las meningitis bacterianas la concentración de proteínas está dentro del intervalo de referencia.
- El 1% de las meningitis víricas cursan con elevación de la concentración de proteínas en el LCR frente al 50 % de las meningitis bacterianas.

b) **Síntesis** de proteínas aumentada en el SNC: tumores, etc.

c) **Obstrucción** mecánica de la circulación del LCR: traumatismos, tumores, etc.

d) **Accidentes** vasculares: embolia cerebral, hemorragia, etc.

e) **Degeneración** del tejido cerebral: Síndrome de Guillain-Barré, esclerosis múltiple

f) **Punción** traumática

Se observan concentraciones de proteínas por debajo de 0,15 g/L (15 mg/dL) en:

- La hipertensión intracraneal, produciendo una mayor filtración de LCR en las vellosidades aracnoideas.
- Pérdida de LCR por un traumatismo, debido a un desgarro dural, por una punción lumbar previa, etc.

**Tabla 6: Concentraciones patológicas de proteínas**

| POR AUMENTO DEL PASO DE PROTEÍNAS DESDE EL PLASMA | |
|---|---|
| ***Hemorragia*** | **g / L** |
| Hemorragia cerebral | 0,3 - 1,5 |
| ***Alteración de la BHE*** | |
| Meningitis bacterianas | 0,8 – 5,0 |
| Meningitis víricas | 0,3 – 1,0 |
| ***Obstrucción a la libre circulación del LCR*** | |
| Tumor espinal | 1,0 – 20,0 |
| POR AUMENTO DE SÍNTESIS INTRATECAL | |
| Neurolúes | 0,5 – 1,5 |
| Esclerosis múltiple | 0,25 – 0,5 |
| POR COMBINACIÓN DE LAS DOS SITUACIONES ANTERIORES | |
| Meningitis tuberculosas | 0,5 – 3,0 |
| Síndrome Guillain-barré | 1,0 – 4,0 |

En el LCR se encuentran otras proteínas como la prealbúmina, las inmunoglobulinas, la transferrina desializada y la proteína básica de la mielina entre otras, pero su concentración no se mide de modo urgente. Pero es conveniente realizar una ampliación en este campo para poder resolver posibles dudas antes los estudios que el clínico solicita del LCR.

- ***Concentración de lactato.***

La concentración de lactato en LCR no está relacionada con la concentración de lactato en suero debido a su escasa difusión a través de la barrera hematoencefálica. El lactato presente en el LCR es un producto del metabolismo anaerobio del SNC. Por tanto, cualquier proceso que disminuya el flujo sanguíneo o la oxigenación del cerebro produce una elevación de su concentración.

En la meningitis bacteriana y fúngica se producen incrementos en la concentración de lactato en LCR. Estos incrementos son debidos a un aumento de la concentración de leucocitos y se pueden observar, en algunos casos, incluso antes de que se detecte la pleocitosis, siendo una magnitud útil para el diagnóstico precoz de la meningitis bacteriana y fúngica.

La concentración de lactato en LCR se mantiene alterada durante más tiempo que otras magnitudes después del inicio del tratamiento eficaz de una meningitis bacteriana, por lo que su medición es de poca utilidad para el seguimiento de la respuesta del paciente tratado.

## Examen microbiológico

El estudio microbiológico del LCR se realizará mediante tinción de Gram, esta es la tinción más común a realizar desde el laboratorio de Urgencias y por el facultativo que atiende las mismas a la hora de abordar una posible meningitis por causa bacteriana. Ahora bien, las tinciones de Zielh-Nielsen o Auramina para *Mycobacteriun tuberculosis* o Tinta China para *Cryptococcus* también se realizan al estudio microbiológico del LCR, aunque estas suelen hacerse desde el laboratorio de microbiología.

En el caso de las meningitis bacterianas agudas, la estrategia diagnóstica de una meningitis bacteriana se basa en el cuadro clínico y la exploración física completa. La tríada clásica constituida por fiebre, rigidez de cuello y alteraciones del estado mental constituyen los síntomas más frecuentes en pacientes con meningitis bacteriana aguda. Apoyada con estudios de laboratorio que además permiten el diagnóstico diferencial. La tinción de Gram de una muestra de LCR sigue siendo la técnica de elección de apoyo a este diagnostico.

El uso de una citocentrífuga mejora el rendimiento de la tinción de Gram. La sensibilidad de esta tinción oscila del 60 al 90% con una especificidad de casi el 100%.

- La sensibilidad de la técnica depende del microorganismo llegando a ser muy máxima en los casos de meningitis bacteriana por *Streptococo pneumoniae* o *Neisseria meningitidis*.

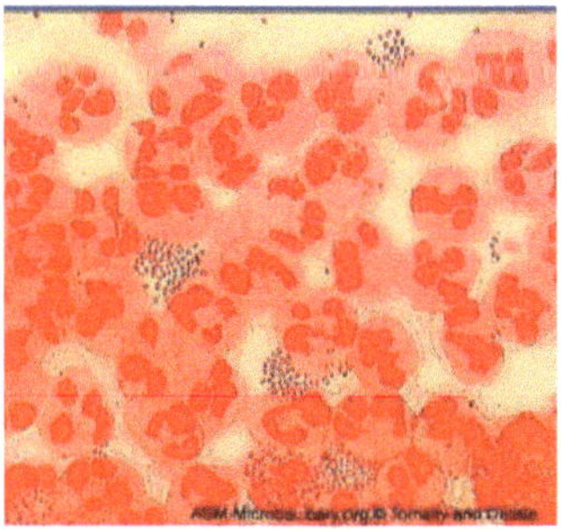

***Fig. 24: Neisseria Meningitidis***

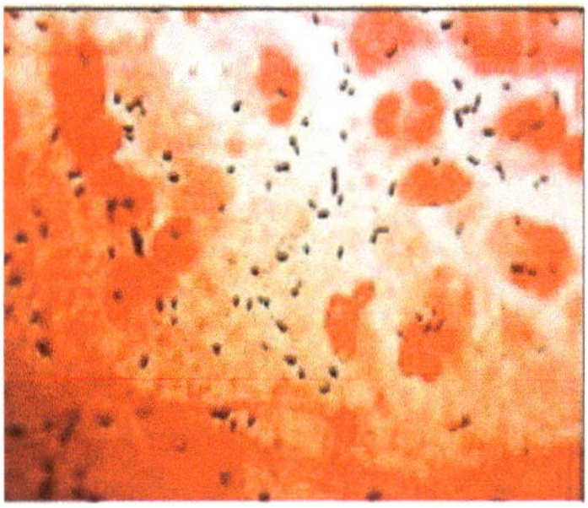

***Fig. 25: Strepptococcus Peunominae***

- La sensibilidad es inferior al 50% en casos de meningitis por *Listeria monocytogenes* y cuadros nosocomiales tras intervenciones neuroquirúrgicas.

La tinción de Gram tiene muy alta especificidad, de hasta 97%, aunque la sensibilidad es bastante variable, ya que se correlaciona con la concentración de unidades formadoras de colonias presentes en LCR (> 100,000 UFC).

- ***Protocolo de tinción de Gram:***

El análisis microbiológico ha de realizarse de la alícuota numero 2, la razón es que hay que evitar la posible contaminación bacteriana por bacterias de la piel que pueda haber contaminado el tubo numero 1. Por tanto una vez elegido el tubo número dos, realizaremos los siguientes pasos:

- **Centrifugado** para concentración; es preferible el uso en citocentrífuga con 0,5-1 ml de LCR, ya que ofrece mayor sensibilidad que la convencional, aunque ésta puede realizarse en caso de no disponer de aquella. La centrifugación convencional se debe realizar con un mililitro del LCR durante 10 minutos a 2.000 g. Se aspirará el sobrenadante que se conservará para otros estudios y se resuspenderá el sedimento. Es importante tener en cuenta que el sedimento debe ser resuspendido mediante agitación suave en vórtex. No debe resuspenderse con una pipeta puesto que las bacterias y las células pueden quedarse adheridas a las paredes del tubo. Una gota del sedimento se empleará para la tinción de Gram mediante extensión en un portaobjetos.

2.- **Secado y fijación** de la muestra. La muestra se seca a temperatura ambiente y posteriormente se fija sobre superficies calientes (hasta 60ºC) por paso directo de 2 a 3 veces a través de la llama.

3.- · **Tinción:** La tinción de Gram requiere cuatro soluciones:

- Un colorante básico, que en contacto con las células cargadas negativamente, reacciona con ellas coloreándolas. El más utilizado es el cristal violeta. Añadir Cristal Violeta (tiñe todas las bacterias, gram positivas y gram negativas) durante 1 minuto. Lavar con abundante agua

- Solución mordiente. Fija las tinciones y aumenta la afinidad entre el colorante y las células. Los mordientes usados suelen ser sales metálicas, ácidos o bases, como por ejemplo, una solución diluida de yodo. Fijar con Lugol, 1 minuto. Lavar con abundante agua los restos.

- Un agente decolorante: Es un disolvente orgánico; por ejemplo alcohol acetona (1:1).Decolorar 10" aprox., hasta que pare la decoloración violeta. Lavar con abundante agua

- Colorante de contraste. Es un colorante básico de distinto color que el primer colorante, como por ejemplo, la Safranina. Teñir 1 minuto. Lavar con agua y dejar secar a temperatura ambiente.

***Fig. 26: Tinción de Gram***

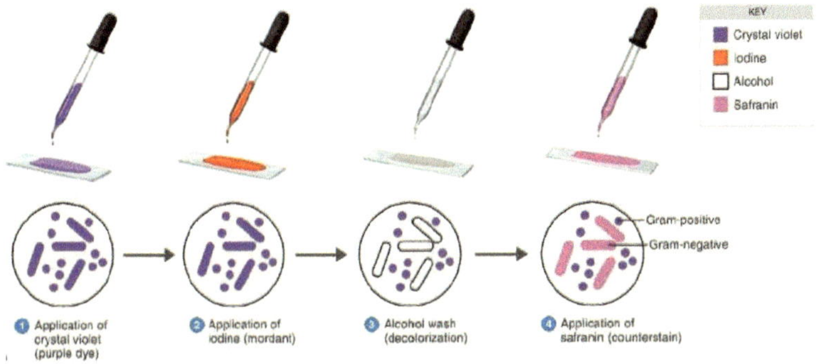


4.- **Visualización** al microscopio óptico de campo claro con objetivo de 100x y aceite de inmersión. Buscando posibles microorganismos en la muestra, la búsqueda ha de hacerse de forma exhaustiva, buscando un mínimo de 100 campos.

- ***Cultivo de LCR***

El cultivo del LCR es el método óptimo de confirmación y hoy en día continúa siendo el método de referencia. El aislamiento de la bacteria, además del diagnóstico etiológico, permite la realización de pruebas complementarias, como pruebas de sensibilidad a los antimicrobianos y estudios de tipificación. La principal limitación del cultivo bacteriano es su baja rentabilidad cuando las muestras investigadas provienen de personas que han recibido tratamiento antibiótico previo y el tiempo de respuesta este suele ser de un mínimo de 24 h.

Los medios de cultivo e incubación dependerán de tipo de bacterias implicadas en la etiología de la meningitis, para el cultivo deben emplearse medios enriquecidos en placas como el agar sangre y el agar chocolate, y suele ser recomendable también usar un medio de cultivo líquido de enriquecimiento como reservorio como el Tioglicolato. Además, en función de los datos aportados por el médico peticionario sobre la muestra y el enfermo, se realizarán procedimientos adicionales si se consideran necesarios. Las placas se incubarán a 35º-37ºC en aire y en atmósfera enriquecida con 5% de $CO_2$. En aquellos LCR con recuentos celulares muy elevados puede ser útil inocular un mililitro del mismo en una botella de hemocultivo que se introducirá en el sistema automatizado que disponga el laboratorio. Las placas serán revisadas diariamente, manteniéndose la incubación durante 3-4 días.

- ***Pruebas serológicas urgentes.***

El estudio microbiológico puede completarse con unas pruebas serológicas en el LCR, que son especialmente útiles cuando el resultado de la tinción de Gram es negativo, ya que no dependen de bacterias viables para resultados positivos. Hay que valorar que prueba realizar en función de la sospecha que tengamos una vez tengamos los resultados bioquímicos y de recuento. Así por ejemplo, ante un liquido bajo en glucosa con alto número de leucocitos que nos hace pensar en una posible meningitis bacteriana, se realizara una serie de test simples basados en cromatografía en capa fina para detección de antígenos bacterianos. Los test urgentes más comunes incluyen:

- Látex o pruebas de aglutinación: Ej. Cripto-Latex en LCR para la detección del antígeno polisacárido capsular en una muestra de LCR y en el suero se realiza con técnicas de aglutinación de látex o ELISA que presentan una sensibilidad y especificidad superior al 90% frente a:

- Neurosifilis, técnicas aglutinación VDRL en LCR.

- Látex para Brucella, etc.

- Método basado en la inmunocromatografía de membrana o de capa fina. Es una prueba rápida para la detección cualitativa del antígeno de S. pneumoniae mediante ensayo inmunocromatográfico. Aunque la prueba se diseñó originalmente para muestras de orina, y el fabricante sólo indica su uso en orina y LCR, estos test se ha usado con éxito en muestras de otros fluidos biológicos: LCR (sensibilidad 95%-100% y especificidad 100%.

**Fig. 27: Inmunocromatografía para detección de S. Pneumoniae**

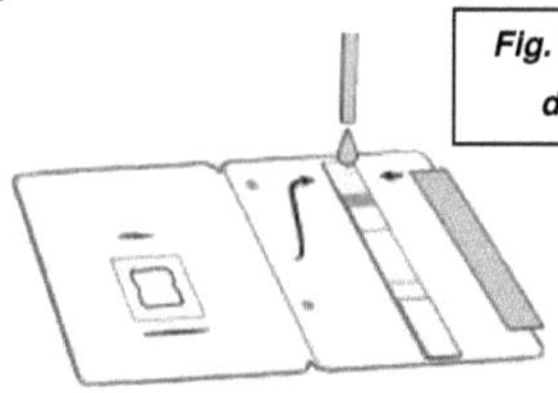

El uso de estas técnicas se debe reservar para aquellos casos de sospecha de meningitis bacteriana en los que la tinción de Gram es negativa y los cultivos a las 48 horas no revelan ningún crecimiento. Estos casos suelen corresponder a pacientes con meningitis tratados con antimicrobianos antes de obtener la muestra de LCR, lo que se conoce como meningitis "decapitada".

## Recomendaciones:

1. Se recomienda realizar el estudio del LCR inmediatamente tras su obtención.

2. En el estudio del LCR debemos siempre contemplar la posibilidad de una punción lumbar traumática.

3. Para un estudio adecuado del LCR se debe realizar el examen macroscópico, bioquímico, microscópico y microbiológico.

4. La concentración de proteínas en el LCR para el establecimiento del diagnóstico diferencial de enfermedades neurológicas de origen inflamatorio es útil. En el caso de meningitis bacterianas y no bacterianas, la concentración de proteínas tiene sus limitaciones.

5. La medición de la concentración de células debe realizarse siempre en cámara de contaje.

6. La citocentrifugación es el método recomendado para concentrar las células del LCR, ya que preserva su morfología, facilitando su posterior identificación mediante tinción.

7. La obtención de la muestra de LCR para el estudio microbiológico debe realizarse siempre que sea posible, antes de iniciar el tratamiento antibiótico.

# ESTUDIO DE ENFERMEDADES NEUROLÓGICAS

El análisis del LCR constituye una herramienta básica para el diagnóstico y seguimiento de algunas enfermedades neurológicas que cursan con alteración de la concentración y composición proteica en el LCR. La medición de la concentración total de proteínas en LCR tiene escasa utilidad clínica en un diagnostico diferencial entre enfermedades neurológicas, por esta razón se utiliza la caracterización exhaustiva de las proteínas del LCR, constituye la primera aproximación al estudio de las enfermedades neurológicas. Es una herramienta más del estudio del LCR y puede estar al alcance de todos los clínicos en los servicios de rutina de cualquier hospital, brindando además información importante acerca del estado funcional de la barrera sangre-LCR.

## *Fisiopatología y significado clínico del estudio proteico del LCR*

Hemos comentado que las alteraciones en la concentración de las proteínas en el LCR son debidas básicamente a:

1) **Aumento del paso** de proteínas desde el plasma hacia el LCR, ya sea por alteración de la barrera hematoencefálica o por obstrucción a la libre circulación del LCR con barrera íntegra, llevando a un equilibrio progresivo entre el LCR estático (por debajo de la obstrucción) y el plasma.

2) **Aumento de la síntesis** o de la liberación de proteínas *in situ.*

Una alteración de las de las proteínas del LCR es útil en el diagnóstico y seguimiento de procesos neurológicos en las siguientes situaciones:

1) Para evaluar el grado de afectación de la barrera hematoencefálica consecutivo a la inflamación, en la que el aumento de permeabilidad de esta barrera conlleva un incremento en la concentración de proteína en el LCR.

2) En la detección de procesos que impliquen una respuesta inmune en el sistema nervioso central (SNC).

3) En procesos degenerativos-destructivos del SNC, en los cuales existe una liberación de proteínas específicas desde el mismo hacia el LCR. Los 3 Puntos anteriores pueden ocurrir simultáneamente en algunas enfermedades neurológicas

**- Técnicas de medida**

El fraccionamiento de las proteínas del LCR por diferentes métodos. La metodología para el análisis de las proteínas del LCR es diversa. En resumen podríamos citar los 3 métodos más usados:

- Isoelectroenfoque en gel de *agarosa* o en gel de *poliacrilamida.*

- Electoctroforesis capilar, que nos da la información en forma de proteinograma o el perfil de proteínas del LCR.
- Electroforesis en *acetato de celulosa* o el gel de *agarosa* –seguida de inmunofijación- o en gel de *poliacrilamida.*

Los medios de soporte más utilizados en la práctica han sido los geles de agarosa y de poliacrilamida. La electroforesis en gel de poliacrilamida ha sido aplicada al LCR por diversos investigadores y ha demostrado tener ventajas significativas por su simplicidad, reproducibilidad y alta resolución, así como por no requerir de la concentración del LCR.

## *Patrón electroforético del LCR:*

El LCR tiene un patrón electroforético o proteinograma característico tanto en situaciones de normalidad como en personas que presentan enfermedad neurológica. Por tanto es un buen punto de partida para el estudio fraccionado de las proteínas del LCR. En la siguiente imagen se representa un patrón de LCR normal (no patológico) realizado mediante electroforesis capilar.

**Fig. 28: Patrón electroforético del LCR**

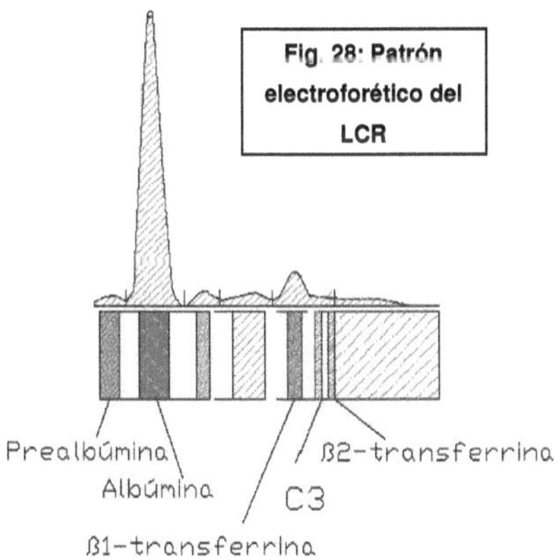


**Tabla 7: Intervalos de referencia de fracciones proteicas del LCR**

| Fracción | % respecto a proteína total |
|---|---|
| Prealbúmina | 2 - 7 |
| Albúmina | 56 - 76 |
| α1-globulina | 2 - 7 |
| α2-globulina | 4 - 12 |
| β-globulina | 8 - 18 |
| γ-globulina | 3 - 12 |

El líquido cefalorraquídeo se distingue del suero en la presencia de una banda de prealbúmina prominente y dos bandas de transferrina, una de las cuales es la forma desializada, conocida cómo proteína tau y se debe a la presencia de neuraminidasa. Esta técnica, también puede identificar la presencia de "bandas oligoclonales" (BOC) de inmunoglobulinas. Para descartar la posibilidad de que las proteínas reflejen una producción sistémica, debe hacerse en paralelo una electroforesis en suero.

**Fig. 29: Fracciones presentes en el LCR e intervalos de referencia.**

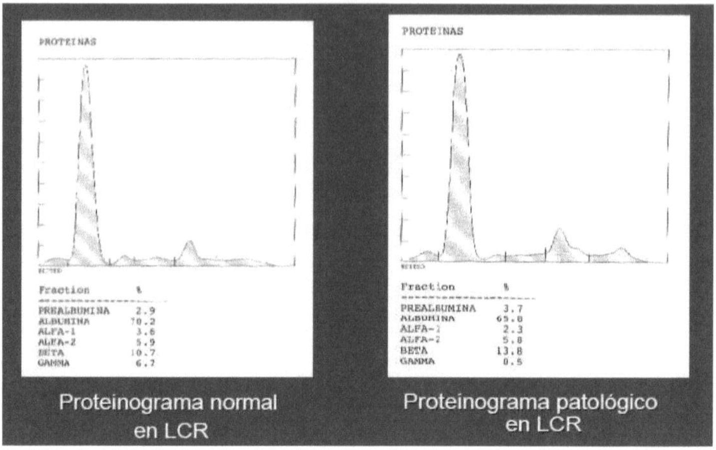


## Prealbúmina:

Es una proteína de bajo peso molecular, se encuentra en mayor proporción en el LCR que en el plasma u otros líquidos biológicos, porque además de que difunde desde el plasma, tiene síntesis en los plexos coroideos ventriculares.

- Utilidad clínica:

Se usa como marcador para confirmar *las pérdidas de LCR. U*na proporción elevada de prealbúmina respecto a la proteína total en el fluido analizado constituye un criterio a favor de que la muestra remitida para estudio esté contaminada con LCR. Como en el caso de sospecha de pérdida de LCR por fractura craneal a través de senos nasales o de conducto auditivo. Actualmente, la utilización de la prealbúmina está siendo desplazada por la de la transferrina-π en el establecimiento de las pérdidas de LCR.

## Albúmina:

Es un buen marcador del intercambio entre el LCR y el plasma. Puede medirse por métodos específicos y con buena calidad metrológica. Sus valores normales en 120-320 mg/L.

**- Utilidad clínica:**

Puesto que la albúmina es de síntesis hepática, toda la albúmina presente en el LCR procede del plasma. Por lo tanto, la relación entre las concentraciones de albúmina en el LCR y en el plasma refleja la integridad de la barrera hematoencefálica.

El cociente de albúmina relaciona las concentraciones de albúmina en el LCR (mg/L) y en el plasma (g/L). En adultos y en condiciones normales este cociente debe ser inferior a 9; valores entre 9 y 30 indican alteraciones moderadas de la barrera hematoencefálica; entre 30 y 100, alteraciones severas; y superiores a 100, indican pérdida de la integridad anatómica y funcional de esta barrera. En neonatos, los valores normales del cociente pueden ser superiores a los del adulto, debido a la inmadurez de la barrera hematoencefálica, tendiendo a igualarse a partir de los 6 meses.

$$\text{Cociente de Albúmina} = \frac{Alb_{LCR}\,(mg/L)}{Alb_{S}\,(g/L)}$$

## Transferrina desializada:

La isoforma de transferrina mayoritaria tanto en el suero como en el LCR es la nativa. La transferrina-π, es una forma de transferrina desializada presente en LCR ya sea por acción de una neuraminidasa del SNC o bien por síntesis. La concentración de transferrina-t representa de un 15 a un 20% del total de transferrina en LCR. Las dos formas de transferrina se separan muy bien en la electroforesis, apareciendo más anódicamente (polo negativo) la nativa transferrina; y más catódicamente (polo positivo) la transferrina-π , debido a la pérdida de residuos de ácido siálico.

**- Utilidad clínica:**

Puesto que la transferrina-π no se encuentra normalmente en el suero, la presencia en una secreción debe hacer pensar en una posible contaminación por LCR. Es posible encontrar formas atípicas de transferrina en el suero de pacientes con hepatopatías (principalmente alcohólicas). Sin embargo, estas formas presentan movilidad intermedia al tratarse de moléculas parcialmente sializadas (disialotransferrina). Para evitar interpretaciones electroforéticas erróneas, es recomendable procesar simultáneamente el LCR y el suero del paciente, junto con un material de control de LCR.

**Fig. 30: Electroforesis suero vs LCR.**

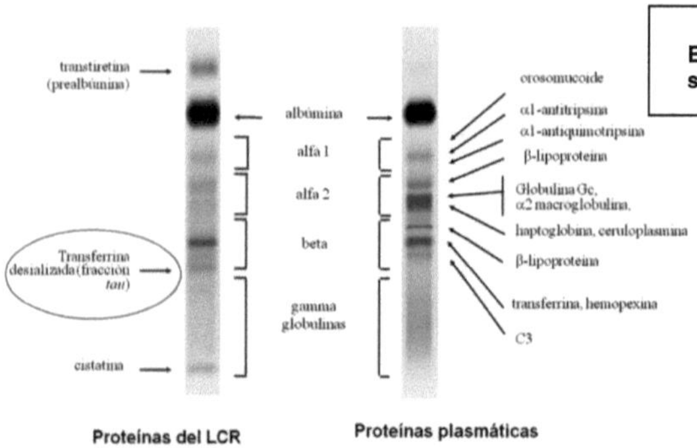


La concentración de transferrina-π en el LCR puede estar elevada en ciertas enfermedades neurológicas, por liberación de hidrolasas lisosomales como consecuencia de la muerte progresiva de las neuronas.

## Inmunoglobulinas:

En condiciones normales, las inmunoglobulinas del LCR son mayoritariamente de procedencia plasmática, siendo su síntesis local (intratecal) muy baja (3 mg/día). La concentración de inmunoglobulina G (IgG) en LCR es normalmente inferior a 40 mg/L y la de las otras clases de inmunoglobulinas muy inferior. Los aumentos de la concentración de inmunoglobulinas en LCR pueden acontecer por:

1) Aumento policlonal o monoclonal de inmunoglobulinas en el suero, con el paso de las mismas hacia el LCR, aún estando la BHE intacta.
2) Alteración de la BHE, con mayor paso de inmunoglobulinas desde el plasma.
3) Aumento de síntesis local que puede producirse en infecciones o inflamaciones agudas o crónicas, enfermedades desmielinizantes y autoinmunes.

**- Utilidad clínica:**

Son las proteínas que más información aportan, sobre todo por su aumento, que está relacionada con enfermedades desmielinizantes y neurodegenerativas. Para establecer la procedencia de las inmunoglobulinas cuantificadas en el LCR, se puede recurrir a la razón de IgG y a diversos índices (Tibbling-Link, Tourtellotte...). Permiten conocer si existe un aumento de la síntesis intratecal de las distintas inmunoglobulinas, aunque habitualmente se aplican solamente a IgG.

- La elevación de la razón de **IgG** refleja la presencia y la actividad de linfocitos B locales; este índice adquiere especial importancia en el estudio de las enfermedades desmielinizantes del SNC, en particular en el de la Esclerosis Múltiple, donde estos linfocitos se encuentran infiltrando las lesiones de las vainas de mielina.

- La **IgM** es la inmunoglobulina de aparición más precoz en la respuesta inmune y constituye un indicador válido para el diagnóstico y seguimiento de procesos infecciosos e inflamatorios del SNC. La presencia de bandas oligoclonales de IgM están relacionados con una mayor agresividad en la evolución de la enfermedad desmielinizante y su presencia en LCR se relaciona también con la respuesta al interferón.

- La determinación de la concentración de **IgA** en el LCR ofrece poco valor clínico en enfermedades neurológicas.

### Otras proteínas del LCR:

- **Proteína básica de la mielina (PBM).**

Es una proteína de baja masa molar que proviene de la degradación de las vainas de mielina, primariamente en Esclerosis Múltiple, leucodistrofias y otras enfermedades desmielinizantes, y secundariamente en infecciones, intoxicaciones y lesiones vasculares. En todos estos casos, la PBM es liberada al espacio extracelular, pasando posteriormente a LCR, donde puede ser medida. La PBM no es específica de EM. Actualmente no existe consenso en su utilidad en el diagnóstico de la EM, no obstante la medida de su concentración está indicada para:

1) seguir la actividad de la enfermedad, por aumento de la concentración durante los brotes o exacerbaciones.
2) ayudar en el diagnóstico de la EM previamente a la aparición de las BOC; y
3) asistir en el diagnóstico de la EM en aquel 5 - 10% de pacientes en los cuales las BOC no se desarrollan nunca.

- **Proteína b-traza**

Es una proteína cuya síntesis tiene lugar a nivel de los plexos coroideos. Se trata de una lipocalina identificada como una prostaglandina D sintasa. La medida de su concentración mediante un método inmunoquímico presenta interés clínico en el diagnóstico diferencial de rinorreas y otorreas, y como marcador de fístulas de LCR, al igual que la transferrina-π. No obstante algunos autores encuentran ciertas ventajas en comparación con la $\beta_2$-transferrina: tiene una mayor sensibilidad y especificidad diagnósticas, y existen métodos de medida automatizados cuantitativos y rápidos. Su concentración está aumentada en LCR en la EM, en enfermedad vascular cerebral y en tumores.

- **Proteína-C-reactiva (PCR)**

La concentración de la medida de PCR también se puede realizar en LCR y ésta puede contribuir al diagnóstico diferencial entre meningitis bacterianas y víricas. Sin embargo, hay que tener en cuenta que al ser una magnitud de síntesis hepática su concentración en LCR es un reflejo de la concentración de PCR en suero.

- **Cistatina**

Es una proteína inhibidora de proteasas, de baja masa molar, presente en LCR y en otros fluidos corporales. También es conocida como proteína g-traza por el hecho de migrar en la zona g de la electroforesis, dibujando una banda que no debe confundirse con un patrón oligoclonal. Entre sus aplicaciones clínicas más destacables se halla el diagnóstico diferencial de rinorrea y otorrea.

- **$B_2$-Microglobulina**

Esta proteína es parte de las moléculas de HLA-clase I sobre la superficie de todas las células nucleadas. La medida de la concentración de esta proteína en LCR ha demostrado ser de interés en situaciones asociadas con activación o proliferación de linfocitos en SNC. Los valores superiores a 1.8 mg/L se asocian con leucemia leptomeningea y linfoma pero no son muy específicos con un valor predictivo positivo máximo del 78% en los casos con citología positiva. Las infecciones virales (incluyendo la inmunodeficiencia humana tipo 1(VIH-1), varias situaciones inflamatorias y otras neoplasias también tendrán valores elevados. Los valores de referencia de $b_2$- microglobulina en LCR oscilan de 0,6 a 2,1 mg/L.

- **α2-Macroglobulina (AMG)**

El tamaño elevado de la molécula dificulta su llegada al LCR procedente del plasma. No obstante una pequeña cantidad atraviesa la BHE a través de vesículas pinocíticas. Estas vesículas se incrementan en ciertas polineuropatías y en estos casos se ha descrito una concentración elevada de AMG en el LCR. Una elevación significativa puede reflejar una hemorragia subdural o ser reflejo de una alteración en la BHE, como ocurre en la meningitis bacteriana.

- **Proteína b-amiloide**

La Enfermedad de Alzheimer o demencia senil de tipo Alzheimer (EA), es una enfermedad neurodegenerativa de curso progresivo que se caracteriza histopatológicamente por una acumulación extracelular, en forma de placas seniles, de la proteína β-amiloide (Aβ) y por una acumulación intracelular de la forma hiperfosforilada de la proteína tau en forma de ovillos neurofibibrilares.

Como entidad clínico-patológica, su fenotipo se caracteriza por un deterioro cognitivo progresivo que afecta inicialmente a la memoria y, posteriormente, a otros dominios cognitivos, generando una alteración funcional. Los depósitos amiloides son originados por la proteólisis por parte de secretasas sobre la proteína precursora de amiloide. El procesamiento de estos fragmentos a través del camino amiloidogénico acaba llevando a la formación y acumulación del péptido b de 42 aminoácidos Ab. El análisis en LCR del péptido Ab, demuestra una reducción significativa en su concentración si es comparada con la población sana, con un valor de corte de 500 pg/mL.

- **Proteína tau:**

La EA se caracteriza por la inclusión intraneuronal de la proteína asociada a microtúbulos tau. En la población sana, la concentración de tau en LCR aumenta con la edad: <300 pg/mL (21–50 años), <450 pg/mL (51–70 años), y <500 pg/mL (>70 años). Sin embargo, la concentración de la proteína tau se ve significativamente incrementada en pacientes con la EA al compararlos con sujetos controles de la misma edad, con un valor de corte de 600 pg/mL. Además, las concentraciones de proteína tau pueden emplearse como un buen indicador pronóstico para la conversión de pacientes con deterioro cognitivo leve (DCL) a EA, ya que se han encontrado valores elevados en un 90% de pacientes con DCL que posteriormente progresan a EA. Finalmente, cabe destacar que las concentraciones de proteína tau están enormemente aumentadas en la Enfermedad de Creutzfeldt–Jacob (>3000 pg/mL).

- **Proteína tau fosforilada**

La proteína tau está marcadamente hiperfosforilada (39 lugares de fosforilación) en la EA. Esta anormal hiperfosforilación resulta en una pérdida de su función estructural que conlleva una disfunción del transporte axonal. La detección de la forma fosforilada en la posición 181 está significativamente aumentada en la EA si se compara con controles, con un valor de corte de 60 pg/mL. La medida de su concentración puede emplearse para distinguir la EA de otros tipos de demencias. Existe el consenso internacional que la determinación conjunta en LCR de la proteína Ab, la proteína tau y su forma fosforilada en la posición 181, sirve para el diagnóstico de la EA, aumentando significativamente la validez diagnóstica con una sensibilidad >95% y con una especificidad >85%.

- **Cadena Kappa libre**

Recientemente se ha descrito la aplicación clínica de la medida de la concentración de cadena ligera Kappa libre en LCR así como el índice Kappa (Cadena Kappa libre LCR/ Cadena Kappa libre suero) como método indirecto de detección de inmunoglobulinas intratecales. Así mismo, se ha descrito su utilidad en el diagnóstico de Enfermedades inflamatorias del SNC (EM, Lupus Eritematoso y Panencefalitis Esclerosante Subaguda).

## *ESTUDIO DE BANDAS OLIGOCLONALES.- ESCLEROSIS MULTIPLE*

La esclerosis múltiple (EM), también conocida como mielopatía desmielinizante, es una enfermedad caracterizada por la aparición de lesiones desmielinizantes, neurodegenerativas y crónicas del sistema nervioso central. Actualmente se desconocen las causas que la producen, aunque se sabe que hay diversos mecanismos autoinmunitarios implicados.

La presencia de bandas oligoclonales en LCR son la evidencia diagnostica de enfermedades desmielinizantes como la esclerosis múltiple, aunque no es la única enfermedad inflamatorio del SNC que presente patrón de BOC en el LCR. Existen diferentes cuadros inflamatorios del Sistema Nervioso Central asociados a la presencia de bandas oligoclonales en el Líquido Cefalorraquídeo:

**Tabla 8: Patologías con BOC**

| *Enfermedad* | *Incidencia aproximada de bandas oligoclonales (%)* |
|---|---|
| Esclerosis Múltiple | 95 |
| Panencefalitis esclerosante subaguda | 100 |
| Neurolúes | 95 |
| Neuro-Síndrome de Inmunodeficiencia Adquirida | 80 |
| Neuro-Lupus | 50 |
| Síndrome de Guillain-Barré | 60 |
| Adrenoleucodistrofia | 100 |
| Enfermedad de Lyme | 80 |

### Diagnostico de la Esclerosis Múltiple (EM).

En general, no existe un procedimiento único metodológico para el estudio de bandas oligoclonales o el estudio de gammapatías monoclonales. Cada laboratorio utiliza una serie de técnicas que mejor se adapten a sus conocimientos y mejores resultados les aporte. En general se puede hablar del siguiente esquema que es aplicable a la mayoría de laboratorios y que permite resolver el diagnostico de bandas oligoclonales y gammapatías monoclonales.

**Fig. 31: Secuencia de diagnostico de BOC**

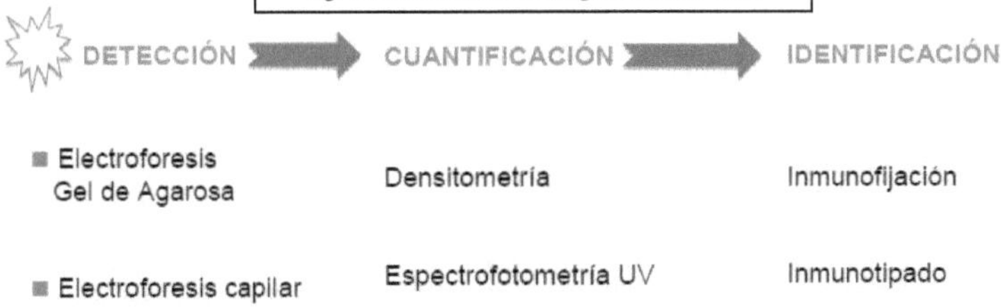


Para el diagnóstico de esclerosis múltiple se hace un estudio un estudio inicial de electroforesis en suero y a su vez en líquido cefalorraquídeo con el objetivo de descartar la posibilidad de que el paciente tenga una gammapatía monoclonal que aparecería en el líquido cefalorraquídeo. En el 75 al 90 % de los pacientes se identifican dos o más bandas oligloconales. Al comienzo de la enfermedad pueden no encontrarse bandas oligoclonales, y en algunos pacientes el número de bandas puede aumentar con el tiempo.

Por tanto la presencia de BOC en el LCR ha de compararse con el perfil de bandas en la región gamma del suero. Es diagnostico de EM la presencia en LCR de múltiples bandas sin encontrarse un patrón similar en la electroforesis de suero.

**Fig. 32: Patrón electroforético LCR vs. suero**

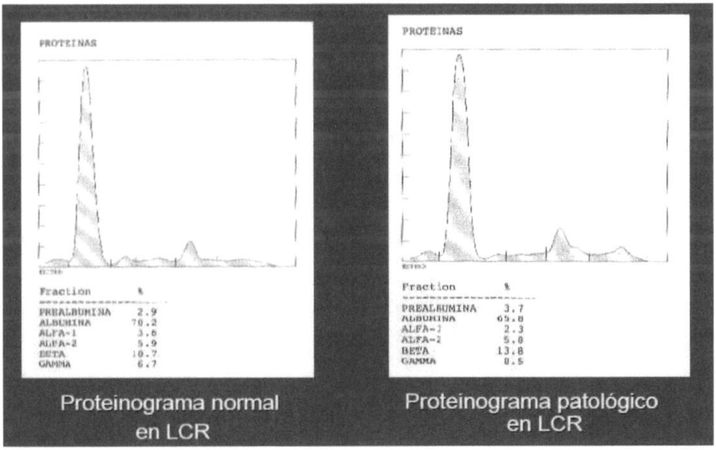


Si observamos este tipo de diferencias entre el suero en el LCR, debemos realizar un estudio más exhaustivo del LCR con el objetivo de identificar ese patrón de bandas que aparece el LCR y no en suero y ver si realmente son bandas de inmunoglobulinas.

La metodología usada puede variar de un laboratorio a otro, se suele usar la inmunotipado o inmunofijación para identificar las bandas, usándose mejor la segunda pues es más sensible. La inmunofijación es una electroforesis de proteínas seguida de una inmovilización de las mismas al enfrentarse a un antisuero específico (Anti-IgG, IgA, IgM, IgD, λ, κ) formando un complejo insoluble que luego se revela por coloración.

La determinación de BOC se considera positiva cuando existen dos o más bandas (normalmente IgG) en LCR, distintas de las aparecidas en suero. Aunque el estudio de bandas oligoclonales en la región de las Inmoglobulinas no solo ha de centrarse en la búsqueda de banda oligoclonal de tipo IgG, ya que cualquier fracción de bandas en la región de las globulinas (componente oligoclonal) es de utilidad clínica en el diagnostico de la Esclerosis Multiple.

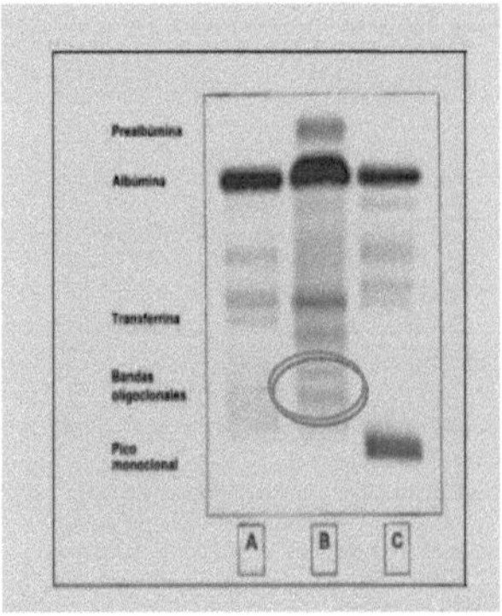


**Fig. 33: Estudio de paciente con esclerosis múltiple:**
**- Columna A: Suero paciente**
**- Columna B: LCR del paciente**
**- Columna C: Control (+)**
**Se aprecian 2 bandas en el LCR del paciente que no están presentes en el suero.**

Además de las pruebas descritas existen una serie de índices de gran utilidad en aquellos casos en que no queda demostrada la presencia de bandas oligoclonales en el LCR mediante estudios electroforéticos pero con alta sospecha de enfermedad neurodegenerativa. Estos índices relacionan las concentraciones de diferentes proteínas en el LCR o las del LCR con las del suero, permiten evaluar el estado de la barrera hematoencefálica y la síntesis intratecal de inmunoglobulinas. Por tanto en un estudio completo de sospecha de EM, ha de realizarse todos los índices que nos aporten información al respecto. Es aconsejable que las muestras de LCR y de suero se procesen en la misma serie analítica. Los más utilizadas son el cociente de albúmina, la razón de IgG y el índice de Tibbling-Link o de IgG.

Aunque siempre se recomienda expresar los resultados cuantitativos de inmunoglobulinas referidos a la concentración de otras proteínas como la albúmina, y conjuntamente con búsqueda de BOC mediante técnicas de electroforesis.

- ***El cociente de albúmina:***

Relaciona las concentraciones de albúmina en LCR (mg/L) y en plasma (g/L). En adultos y en condiciones normales este cociente debe ser inferior a 9; valores entre 9 y 30 indican alteraciones moderadas de la BHE; entre 30 y 100, alteraciones severas; y superiores a 100, indican pérdida de la integridad anatómica y funcional de la BHE. En neonatos, los valores normales del cociente pueden ser superiores a los del adulto -debido a la inmadurez de la BHE-, tendiendo a igualarse a partir de los 6 meses.

$$Cociente\ de\ Albúmina = \frac{Alb_{LCR}(mg/L)}{Alb_S(g/L)}$$

- ***La razón de IgG:***

Representa el cociente entre las concentraciones de IgG y de albúmina en LCR. Se asume que un aumento de la permeabilidad de la BHE conduce a un aumento proporcional en LCR tanto de albúmina como de IgG. Por lo tanto, la razón no debería modificarse ante alteraciones aisladas de la permeabilidad de la BHE. Contrariamente, en caso de la existencia de un aumento de síntesis intratecal de inmunoglobulinas la razón aumenta. El valor de esta razón en adultos sanos es de hasta 0,25; valores por encima de 0,27 son indicativos de síntesis intratecal de IgG (hasta un 70% de pacientes con EM presenta valores superiores a 0,27).

$$Razón\ de\ IgG = \frac{IgG_{LCR}(mg\ /\ L)}{Alb_{LCR}(mg\ /\ L)}$$

Existen sin embargo situaciones en que se dan simultáneamente alteraciones de permeabilidad de la BHE y aumento de síntesis intratecal de inmunoglobulinas. Para discriminar correctamente si el aumento de concentraciones de IgG en LCR es debido al primer proceso o al segundo, se dispone del índice de Tibbling-Link.

- ***El índice de Tibbling-Link o de IgG:***

Establece una corrección para eliminar la contribución o el efecto del paso de las inmunoglobulinas hacia el SNC en condiciones de funcionamiento normal de la BHE, teniendo en cuenta a la vez el paso de proteínas por alteración de la barrera. Constituye el indicador más utilizado de todos los índices establecidos mediante la medición de las concentraciones de las distintas proteínas en LCR y en suero.

$$\acute{I}ndice\ de\ IgG = \frac{IgG_{LCR} \cdot Alb_S}{IgG_S \cdot Alb_{LCR}}$$

En la fórmula, la medida de la concentración de IgG en suero se expresa en mg/dL, la del LCR en mg/L. La medida de la concentración de albúmina en suero en g/dL, y la del LCR en mg/L. El intervalo de referencia del índice de Tibbling-Link se sitúa entre 0,3 y 0,7; valores superiores a 0,7 indican aumento de síntesis intratecal de inmunoglobulinas. En aproximadamente un 90% de pacientes con EM el índice es superior a 0,7. Se ha descrito una sensibilidad diagnóstica y especificidad diagnósticas de 60 y 90% para el diagnóstico de EM. Hay que destacar que cuando existe una sospecha fundada de síntesis intratecal, un índice de Tibbling-Link dentro de los valores de referencia no excluye la presencia de BOC. Es importante recordar que en la detección de síntesis intratecal de inmunoglobulinas, la medición de sus concentraciones proporciona una información adicional al estudio cualitativo de este tipo de proteínas (BOC).

Existen otras fórmulas que calculan la síntesis intratecal de IgG por día o litro, mucho más complejas y no más útiles que el índice de Tibbling-Link, como el índice de Tourtellotte que evalúa la tasa de formación diaria de IgG en SNC, de una formula muy compleja, pero que no aporta información a adicional al índice de Tibbling-Link.

## *Recomendaciones:*

- Para establecer el diagnóstico diferencial de cuadros neurológicos, la medición de la concentración de proteína en LCR es escasamente útil, a excepción de aquellas situaciones que conducen a inflamación meníngea o a alteraciones del libre flujo de LCR. Concretamente, y en referencia al diagnóstico diferencial de meningitis bacterianas frente a no bacterianas, es importante recordar que:
    - En meningitis agudas bacterianas, la concentración de proteína en LCR suele ser superior a 1,5 g/L.
    - La concentración de proteína en LCR puede situarse dentro del intervalo de referencia hasta en un 10% de meningitis agudas bacterianas.
    - La concentración de proteína en LCR puede no estar elevada al inicio de distintos tipos de meningitis.

• Sólo un 1% de meningitis víricas cursa con una concentración de proteína superior a 1,7 g/L, frente a un 50% de casos de meningitis agudas bacterianas.

- La detección de BOC por un método de separación proteica es imprescindible para establecer la síntesis intratecal de inmunoglobulinas en la EM, comparando los resultados con los obtenidos en el suero. La electroforesis en gel de agarosa seguida de inmunofijación con anticuerpos específicos del LCR concentrado ofrece una capacidad de detección de BOC inferior a la del IEF. El IEF es considerado actualmente como método de referencia en el estudio de BOC. Se utiliza el LCR sin concentrar y en paralelo con suero.

- La detección de BOC mediante IEF posee la mayor sensibilidad (>95%) de los marcadores para el diagnóstico de EM con una especificidad del 94%. El patrón oligoclonal es característico de cada paciente y permanece inalterable en el tiempo.

- Un índice de Tibbling-Link o de IgG elevado nos indica una síntesis intratecal de IgG. La sensibilidad mostrada por este índice es del 60%, con un especificidad del 90% para el diagnóstico de EM. El intervalo de referencia del índice se encuentra entre 0,3 y 0,7. Debe destacarse que si existe sospecha fundada de síntesis intratecal, un índice de Tibbling Link dentro de los intervalos de referencia no excluye presencia de BOC.

- Para establecer la posible pérdida de LCR en rinorreas u otorreas, la demostración de la presencia de TRF-t por métodos de separación proteica (electroforesis e inmunofijación) constituye un procedimiento adecuado, estando recomendado el procesamiento en paralelo de LCR y suero del paciente. Sin embargo, la medida de la proteína β-traza es más útil para la realización de dicho diagnóstico diferencial en caso de sospecha de fístula de LCR. La proteína Aβ, la proteína tau y su forma fosforilada poseen una sensibilidad mayor del 95% y una especificidad mayor del 85% en el diagnóstico de la EA, con los siguientes puntos de corte:

• El punto de corte de la proteína Aβ es 500 pg/mL.
• El punto de corte de la proteína tau es 600 pg/mL.
• El punto de corte de la proteína tau fosforilada es 60 pg/mL.

- Los procedimientos de electroforesis bidimensional, hasta ahora empleados en investigación bioquímica, permiten detectar e identificar una amplia gama de proteínas y péptidos en el LCR y asociarlos a diferentes procesos neurológicos. En los últimos años se están comunicando relaciones entre el hallazgo por estas técnicas de algunos péptidos y diferentes cuadros neuropsiquiátricos que permiten aclarar su etiología a la vez que proporcionan nuevos datos para su diagnóstico y seguimiento.

## Bibliografía

- Bereciartua Urbieta E, Ramila Beraza P, Mar Medina C, Esteban Salan M, Ajuria Morentin I, Insagurbe Sáez Cámara E. Aportación de la automatización al estudio celular de líquidos cefalorraquídeos. III Congreso Nacional del Laboratorio Clínico. Valencia, 14 al 16 de octubre de 2009.

- Boyer PJ, Simmons Z y Nifong TP. Cerebrospinal Fluid, Lippincott Williams & Wilkins, 2002: 877-891.

- Cámaras contadoras (consultado 22 Ene 2209). Disponible en: URL: http://www.brand.de/es/.

- Cecilia Martínez Brú e Isabel Llompart Alabern. Recomendaciones para el estudio de las proteínas del líquido Cefalorraquídeo. Sociedad Española de Bioquímica Clínica y Patología Molecular Comité Científico Comisión de Proteínas1 Documento D, Fase 3, Versión 5

- Counting chamber systems (consultado 22 Ene 2209). Disponible en: URL: http://www.lo-laboroptik.de.

- Counting Chambers (consultado 22 Ene 2209). Disponible en: URL: http://www.marienfeld-superior.com/index.php/334.html.

- Eric Caballero J. Estudio microbiológico de los líquidos corporales (consultado 21 Feb 2009). Disponible en: URL: http://www.monografias.com.

- Gómez-Choco Cuesta MJ, Sainz Hinajeros A. Utilidad diagnóstica del estudio básico del líquido cefalorraquídeo. Jano, 20-26 octubre 2006.

- Gómez J. editores. Pruebas de Laboratorio en Reumatología. Manual SER de las enfermedades reumáticas.

- Guillén Campuzano E, Buño Soto A, Díaz García R, Galán Ortega A, Guevara Ramírez P, Malumbres S, et. al. Recomendaciones para el estudio del líquido cefalorraquídeo. Sociedad Española de Bioquímica Clínica y Patología Molecular (SEQC). Comité Científico. Comisión Magnitudes Biológicas relacionadas con la Urgencia Médica. Documento K. Fase 3. Versión 2. 2010.

-José Antonio Castellano del Toro Análisis Clínicos.-Hospital General de Gran Canarias (H.U.G.C.D.N.) ACTUALIZACIONES EN EL ESTUDIO DE LÍQUIDOS BIOLÓGICOS. http://es.slideshare.net/josecdeltoro1/actualizaciones-en-el-estudio-de-lquidos-biolgicos

LCR: tinción (consultado 21 Ene 2010). Disponible en: URL: http://quimicoclinicowordpress

-Link H and Tibbling G. Principles of albumin and IgG analysis in neurological disorders. II. Relation of the concentration of the proteins in serum and cerebrospinal fluid. Scand J Clin Lab Invest. 1977; 37: 391-6.

- Mª Gema Codina Marina de Cueto Juan Emilio Echevarría Diego Vicente. Diagnóstico microbiológico de las infecciones del sistema nervioso central. Recomendaciones de la Sociedad Española de Enfermedades Infecciosas y Microbiología Clínica

- Martínez Villanueva M, Sarabia Meseguer A, Arcas García F, Del Pozo Luengo S, Noguera Velasco J, Martínez Hernández P. Análisis de fluidos serosos por el analizador hematológico.

- Maritza González González -Hoyuela Hoyuela, Mª Eugenia Barbero López. LÍQUIDO CEFALORRAQUÍDEO (LCR)

- M. Falip, M. Tintoré, R. Jardí a, I. Duran, H. Link b, X. Montalbán. Utilidad clínica de las bandas oligoclonales.

- Noguera Bennaser A, Galán Ortega A, Guillén Campuzano E, Hortas Nieto ML, Marín Soria JL, Padrós Soler G. Recomendaciones para el estudio de líquidos biológicos serosos en el laboratorio de urgencias. SEQC. Comité Científico. Comisión Magnitudes Biológicas relacionadas con la Urgencia Médica. Documento E. Fase 3. Versión 7. Química Clínica 2004; 23 (3) 141 -145.

- Principios de urgencias y emergencias y cuidados críticos. Enfermedades del pericardio. http://tratado.uninet.edu/indice.html

- Sysmex XE-5000 en comparación con el recuento en cámara citométrica y diferenciación manual. III Congreso Nacional del Laboratorio Clínico. Valencia, 14 al 16 de octubre de 2009.

- Smith GP, Kjeldsberg CR. Cerebrospinal, synovial, and serous body fluids. En: Henry JB, ed. Clinical diagnosis and management by laboratory methods, 29 th ed. Philadelphia: W.B. Saunders, 2001:403-411.

- Tourtellotte WW, Tavolato B, Parker JA et al. Cerebrospinal fluid electroimmunodiffusion. An easy, rapid, sensitive, reliable and valid method for the simultaneous determination of immunoglobulin-G and albumin. Arch Neurol 1971; 25: 345-50.

- Tourtellotte WW, Potvin AR, Fleming JO, Murthy KN, Levy J, Syndulko K, Potvin JH. Multiple sclerosis: measurement and validation of central nervous system IgG synthesis rate. Neurology 1980; 30: 240-4

## *Incide de Figuras:*

Fig.1:Fuente: Elaboración propia en base a: http://images.slideplayer.es/2/138734/slides/slide_12.jpg

Fig.2: Fuente: Técnicas y métodos de Laboratorio clínico. Elsevier Masson J.M.G.B

Fig.3:Fuente:http://www.celeromics.com/es/resources/docs/Articles/Conteo-Camara-Neubauer.pdf

Fig.4:Fuente:http://www.celeromics.com/en/resources/docs/Articles/Neubauer-Chamber-Cell-Concentration.pdf.

Fig.5:Fuente:http://www.celeromics.com/en/resources/docs/Articles/Fuchs-Rosenthal-Cell-Concentration.pdf

Fig.6:Fuente:http://www.celeromics.com/en/resources/images/clip_image004.png

Fig.7:Fuente:http://openwetware.org/images/c/c3/Burker2.jpg

Fig.8:Fuente:https://www.sysmex.com/la/es/Products/Documents/XE-2100-Español.pdf

Fig.9: Fuente: Sysmex.-XS 1000: https://www.sysmex.com/la/es/Products/Documents/XS-1000i-Español.pdf

Fig.10: Fuente: http://images.slideplayer.es/3/1111335/slides/slide_35.jpg

Fig.11:Fuente:http://www.idexx.es/images/es_es/smallanimal/vetlab/png/lasercyte-techonology.png

Fig.12:Fuente:https://www.sysmex.com/la/es/Products/Documents/XE-2100-Español.pdf

Fig.13:Fuente:http://image.slidesharecdn.com/automatizacinenhematologa-130812204631-phpapp02/95/automatizacin-en-hematologa-48-638.jpg?cb=1376340538

Fig.14:Fuente:http://ssmhealth.adam.com/graphics/images/en/15166.jpg

Fig.15:Fuente:http://www.abdem.es/foro/lumbar.jpg Fig.16: Fuente: Elaboración propia.

Fig.17: Fuente: Elaboración propia

Fig.18: Fuente: Modificado de Maritza González González -Hoyuela Hoyuela, Mª Eugenia Barbero Lopez, LÍQUIDO CEFALORRAQUÍDEO (LCR)

Fig.19:Fuente:http://image.slidesharecdn.com/leucocitosclasenueva-150504195509-conversion-gate01/95/leucocitos-clase-de-diagnostico-vet-4-638.jpg?cb=1430773369.

Fig.20:Fuente:https://www.sysmex.com/la/es/Products/Documents/XE-2100-Español.pdf.

Fig.21:Fuente:http://www.sanilaboshop.es/WebRoot/StoreLES/Shops/62425883/4B83/AEEE/FF5D/B33B/B731/C0A8/2A95/D830/testsimplets.jpg

Fig.22:Fuente:https://www.sysmex.com/la/es/Products/Documents/XE-2100-Español.pdf

Fig.23: Fuente: Elaboración propia en base a Martínez Villanueva M, Sarabia Meseguer A, Arcas García F, Del Pozo Luengo S, Noguera Velasco J, Martínez Hernández P. Análisis de fluidos serosos por el analizador hematológico.

Fig.24 y Fig.25: Fuente: Mª Gema Codina Marina de Cueto Juan Emilio Echevarría Diego Vicente. Diagnóstico microbiológico de las infecciones del sistema nervioso central. SEIMC

Fig.26:Fuente:https://microbitos.files.wordpress.com/2011/09/tincion-de-gram.jpg 4)

Fig.27:Fuente:http://www.aepap.org/grupos/grupo-depatologiainfecciosa/contenido

Fig.28: Fuente: Modificado de Maritza González González -Hoyuela Hoyuela, Mª Eugenia Barbero Lopez, LÍQUIDO CEFALORRAQUÍDEO (LCR)

Fig.29: Fuente: Modificado de Maritza González González -Hoyuela Hoyuela, Mª

Eugenia Barbero Lopez, LÍQUIDO CEFALORRAQUÍDEO (LCR)

Fig.30: Fuente: Cecília Martínez Brú e Isabel Llompart Alabern. Recomendaciones para el estudio de las proteínas del líquido Cefalorraquídeo. SEQC
Fig 31: Fuente: Elaboración propia en base a M. Falip, M. Tintoré, R. Jardí a, I. Duran, H. Link b, X. Montalbán. Utilidad clínica de las bandas oligoclonales
FIG 32: Fuente: Modificado de Maritza González González -Hoyuela Hoyuela, Mª Eugenia Barbero Lopez, LÍQUIDO CEFALORRAQUÍDEO (LCR)

Fig.33:Fuente:http://image.slidesharecdn.com/estudiodeproteinasserica s-130709120712-phpapp02/95/estudio-de-proteinas-sericas-43-638.jpg?cb=1373371820

## *Índice de Tablas:*

Tabla 1: Tabla de elaboración propia.

Tabal 2: Fuente: Modificado de José Antonio Castellano del Toro Análisis Clínicos.-Hospital Genera Gran Canarias (H.U.G.C.D.N.) ACTUALIZACIONES EN EL ESTUDIO DE LÍQUIDOS BIOLÓGICOS.http://es.slideshare.net/josecdeltoro1/actualizaciones-en-el-estudio-de-lquidos-biolgicos.

Tabla 3: Fuente: Elaboración propia.

Tabla 4: Fuente: Recomendaciones para el estudio del líquido cefalorraquídeo. Sociedad Española de Bioquímica Clínica y Patología Molecular (SEQC).

Tabla 5: Fuente Cecília Martínez Brú e Isabel Llompart Alabern. Recomendaciones para el estudio de las proteínas del líquido Cefalorraquídeo. SEQC.

Tabla 6. Fuente: Cecília Martínez Brú e Isabel Llompart Alabern. Recomendaciones para el estudio de las proteínas del líquido Cefalorraquídeo. SEQC

Tabla 7: Fuente: Elaboración propia

Tabla 8: Fuente: M. Falip, M. Tintoré, R. Jardí a, I. Duran, H. Link b, X. Montalbán. Utilidad clínica de las bandas oligoclonales